Einführung in die Untersuchung der Kristallgitter mit Röntgenstrahlen

Eine elementare Darlegung der Methoden mit Aufgaben

Von

Friedrich Trey und Wilhelm Legat

Dr. phil., a. o. Professor für Physik
an der Montanistischen Hochschule
Leoben

Dr. phil., Assistent an der Lehrkanzel
für Physik der Montanistischen
Hochschule Leoben

Mit 67 Textabbildungen und 1 Nomogramm

Springer-Verlag Wien GmbH
1954

ISBN 978-3-211-80357-8 ISBN 978-3-7091-7838-6 (eBook)
DOI 10.1007/978-3-7091-7838-6

Alle Rechte, insbesondere das der Übersetzung
in fremde Sprachen, vorbehalten.

Softcover reprint of the hardcover 1st edition 1954

Vorwort.

Als M. v. LAUE im Jahre 1912 die ersten Röntgenaufnahmen von Kristallen erhalten hatte, begann ein neuer Abschnitt in der Geschichte unserer Erkenntnis vom Bau des Stoffes und vom Wesen der Röntgenstrahlen. Man wußte ja damals noch nicht, daß die Röntgenstrahlen wirklich ihrem Wesen nach mit den Lichtstrahlen identisch seien. Auch die Abstände der Atome in den Kristallen waren noch nicht bekannt. Beide Probleme fanden durch den einen Versuch von LAUE die befriedigende, einfache und erschöpfende Lösung, die von der damaligen Generation schon sehnlichst erwartet worden war.

Die seitdem erschienenen Abhandlungen und Monographien, in denen die neuen Erkenntnisse dargestellt sind, wurden von Physikern für Physiker geschrieben. Nun haben aber die Feinstrukturuntersuchungen mit Röntgenstrahlen eine breite Anwendung in der Technik gefunden, so daß — über den Kreis der Physiker hinaus — das Eindringen in dieses Gebiet für eine große Anzahl von Technikern zur Notwendigkeit geworden ist. Dieses Buch soll den Leser für das Studium der Monographien vorbereiten. Mehr als bisher werden die gedachten ein- und zweidimensionalen Gitter behandelt, und erst im Anschluß daran wird das dreidimensionale vorgenommen. Die Betrachtung sowohl der Ähnlichkeiten als auch der Unterschiede dieser drei Gitterarten erleichtert die Aneignung und das Memorieren der erforderlichen grundlegenden Kenntnisse. Es wird gezeigt, daß man mit geometrischen Konstruktionen nicht nur übersichtlicher, sondern auch schneller als auf rechnerischem Wege zur Angabe der vorauszusehenden Verteilung von Schwärzungspunkten oder Linien auf einem Schirm oder auf einem photographischen Film kommen kann.

Bei den Zeichnungen bedienen wir uns der EWALDschen Methode des reziproken Gitters, die hier systematisch, vom eindimensionalen Fall beginnend, ausgebaut und angewandt wird. Diese Methode wird von den Spezialisten auf diesem Gebiet warm empfohlen, hat aber in den bisher erschienenen Lehrbüchern die ihr zukommende Beachtung noch nicht gefunden. Hier wird der Versuch unternommen, das reziproke Gitter zum Fundament der Darstellung zu machen. Bei den räumlichen Zeichnungen wird außer einigen Schrägrissen auch von einfachen Verfahren der Darstellenden Geometrie Gebrauch gemacht.

Um dem Leser die Möglichkeit zu geben, sich zu vergewissern, daß die durchgenommenen Ausführungen auch richtig erfaßt sind, haben wir eine Reihe von Aufgaben gebracht: Übungsaufgaben und Textaufgaben. Die Übungsaufgaben im ersten Kapitel des Buches sind klein gedruckt und können übergangen werden. Die Textaufgaben, deren Lösung ebenfalls immer gleich nachfolgt, sind für das Verständnis des weiteren Textes notwendig. Durch die Aufnahme von Aufgaben hat das Buch den Charakter eines Lernbuches bekommen. In einem solchen Buch sind Wiederholungen nicht ganz zu vermeiden; ja, es will uns sogar scheinen, daß für diejenigen, welche erstmalig in dieses schwierige Gebiet eindringen wollen, solche Rekapitulationen von besonderem Wert sein dürften.

Dem Verlag sind wir zu ganz besonderem Dank verpflichtet für die große Mühewaltung während der Drucklegung, für die sorgsame Ausführung der Abbildungen und für das verständnisvolle Eingehen auf unsere Wünsche. Insbesondere danken wir für die sorgfältige Herstellung des beigefügten Nomogramms. Erst dieses befähigt den Leser, die Abbildungen wirklich auszunutzen und ihre zahlenmäßige Übereinstimmung mit den Textangaben zu überprüfen.

Leoben, im Februar 1954.

Die Verfasser.

Inhaltsverzeichnis.

Seite

Einleitung 1
1. Auswahl der Streuzentren für die Sekundärstrahlung .. 3
2. Das primäre Parallelstrahlenbündel 4
3. Die vereinfachte Konstruktion der Wegdifferenz 4
4. Die scharfe Begrenzung der Verstärkungsrichtungen (Sekundärstrahlen) 5

I. Das eindimensionale Punktgitter oder Liniengitter 8
   Die Sekundärstrahlen bei senkrechter Inzidenz der Primärstrahlen 8
   Die Sekundärstrahlen bei schiefer Inzidenz 12
   Die geometrische Konstruktion der Sekundärstrahlen bei senkrechter Inzidenz 17
   Die Konstruktion der Sekundärstrahlen bei schiefer Inzidenz 20
   Die räumliche Verteilung der Sekundärstrahlen 24
   Das eindimensionale Gitter mit Basis 25

II. Das zweidimensionale Punktgitter oder Kreuzgitter 28
   Die Entstehung diskreter Sekundärstrahlen 29
   Die Einführung des Ablenkungswinkels 31
   Der Abstand benachbarter Netzgeraden einer beliebigen Schar 34
   Die Indizierung der Netzgeraden nach MILLER 35
   Die Indizierung der Sekundärstrahlen 36
   Die Indizierung der Sekundärstrahlen eines unbekannten Kreuzgitters 40
   Anwendungsbeispiele 43
   Das reziproke Kreuzgitter 44
   Die Anwendung des reziproken Gitters 47
   Geometrische Konstruktion der Sekundärstrahlen 48

III. Das dreidimensionale Punktgitter oder Raumgitter 51
   Die Unterteilung der Raumgitter in Netzebenen 51
   Die Unterteilung der Raumgitter in Punktreihen 56
   Die formale Koordination der Wellenlänge mit der Richtung der Primärstrahlen 57
   Das reziproke Raumgitter 58

	Seite
Die Eigenschaften des reziproken Raumgitters	59
Vom reziproken Gitter zum Sekundärstrahl	60
Die Indizierung der Sekundärstrahlen	61
Das LAUE-Verfahren	63
Die Pulvermethode von DEBYE und SCHERRER	70
Das Aussehen der Pulverdiagramme	74
Die Anwendung der Pulveraufnahmen	74
Die Bestimmung der Art der Elementarzellen im kubischen Raumgitter	77
Die Drehkristallmethode	80
Die asymmetrische Methode von STRAUMANIS	92
Das fokussierende SEEMANN-BOHLIN-Verfahren	95
Die Rückstrahlkammern ohne Fokussierung	97
Die Rückstrahlkammern mit Fokussierung	97
Die fokussierende Ringfilmkammer von REGLER	98
Die Kompensationsmethode von KOSSEL	100
Schlußwort	104
Anhang	105
I. Die günstigen Richtungen der Primärstrahlen bei gegebenem λ	105
II. Zur Indizierung von Drehkristallaufnahmen	108
III. Die Gesamtheit der Sekundärstrahlen einer Drehkristallaufnahme	110
IV. Nomogramm zu den Abbildungen der reziproken Gitter	111
V. Trigonometrische Zahlen	112
Literaturverzeichnis	113

Einleitung.

Kristalle bestehen aus Atomen, deren regelmäßige Anordnung im Raum als vollkommen angenommen werden kann. Jedes einzelne Atom hat dann im Kristallverband seinen festgelegten Platz. Um zu einer Vorstellung von einer solchen idealen Raumerfüllung zu gelangen, gehen wir vom Würfel als einfachstem Raumelement aus. Man kann gleich große Würfel so übereinander und umeinander aufbauen, daß an einer jeden Würfelecke immer acht Würfel zusammenstoßen. Auch gleiche Quader lassen sich in dieser Weise im Raum anordnen. Man denke zum Beispiel an das Eisengerüst von Betonbauten. Die Eckpunkte aufeinanderfolgender Würfel oder Quader liegen in den drei Koordinatenrichtungen, in jeder gleich weit voneinander entfernt. Man erhält so vollkommen regelmäßige periodische Anordnungen von Eckpunkten oder überhaupt Punkten im Raum und nennt solche Gebilde Raum-Punktgitter oder einfacher Raumgitter. Einzelne Punktreihen, auch Liniengitter oder lineare Punktgitter genannt, und Punktebenen, auch Flächen-Punktgitter oder Kreuzgitter genannt, sind untergeordnete Teile des Raumgitters. In den Gitterpunkten liegen bei den Kristallen die Kerne der Atome, die von ihren Elektronenhüllen umgeben sind. Die entstandenen Elektronenanordnungen haben daher stets dieselbe Periode wie die Kerne, oder, mit anderen Worten, die Abstände gleichwertiger Raumpunkte (Identitätsabstand) sind bei den Kernen und bei den Elektronen dieselben. Die kleinstmögliche Kombination von Kernen und Elektronen, die sich im Kristall immer wiederholt, nennt man eine Elementarzelle. Die Raumgitter der Kristalle sind also *Punktgitter* im Gegensatz zu den aus der Optik des sichtbaren Lichtes bekannten Strichgittern: Diese bestehen aus äquidistanten Strichen oder Spalten, jene aus Punkten. In der Bezeichnung „Raumgitter" ist der Punktcharakter der Kristallgitter schon mit inbegriffen. Die regelmäßige Anordnung der Atome im Raumgitter wird am zweckmäßigsten durch die Angabe der Atomabstände oder genauer der Kernabstände in den drei Koordinatenrichtungen beschrieben (Abb. 1). Man nennt die Abstände benachbarter Atome Gitterkonstanten und bezeichnet sie in der Reihenfolge der Koordinaten x, y und z mit den Buchstaben a, b und c. Röntgenlicht, das durch einen Kristall hindurchgeht, wird von den in dessen Raumgitter eingelagerten *Elektronen* gestreut und erleidet dabei eine ähnliche Veränderung wie das sichtbare Licht beim Durchgang durch ein Strichgitter: Infolge von Interferenz verstärkt sich das gestreute Röntgenlicht in ganz bestimmten Richtungen; dazwischen liegen dunkle Gebiete, in denen die Lichtwellen einander bei der Überlagerung von Wellenberg und Wellental auslöschen. In der Optik des sichtbaren Lichtes nennt man diese Erscheinung Beugung und spricht von „abgebeugten" Strahlen. Bei Röntgenlicht werden diese Vorgänge am besten so beschrieben, daß man neben der einfallenden Primärstrahlung von einer sekundär auftretenden Streu- oder Sekundärstrahlung spricht, die von den primär bestrahlten Atomen bzw. Elektronen ausgeht, und zwar von jedem einzelnen Streuzentrum aus nach allen Richtungen des Raumes. Eine unermeßlich große Zahl von Kugelwellen geht dabei in den umgebenden Raum hinaus, aber im größten Teil des Raumes heben sich die von den verschiedenen Atomen eintreffenden Wellen der Sekundärstrahlungen gegenseitig auf, und nur in einigen wenigen ganz bestimmten Richtungen summieren sich die Lichtimpulse. Diese Richtungen werden durch die Art des Raumgitters und die Wellenlänge des Röntgenlichtes bestimmt. Um die Struktur von Kristallen zu analysieren, muß man die Beziehungen der Richtungsgrößen

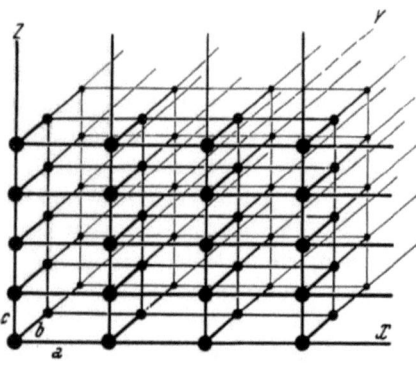

Abb. 1. Das Raumgitter der Kristalle (mit einem Auge ansehen). a, b und c — Gitterkonstanten.
$a \neq b \neq c$ — einfaches rhombisches Gitter.
$a = b \neq c$ — einfaches tetragonales Gitter.
$a = b = c$ — einfaches kubisches Gitter.

der „*Sekundärstrahlen*" zu den Gitterkonstanten (a, b, c) und der Wellenlänge (λ) des Röntgenlichtes kennenlernen. Diese Aufgabe wird durch folgende vier Annahmen wesentlich erleichtert.

1. Auswahl der Streuzentren für die Sekundärstrahlung. Geht man etwas näher auf den Mechanismus der Streuung von Röntgenstrahlen ein, so ergibt sich folgendes Bild: Schwingungsfähige Gebilde sind vor allem die *Elektronen* der Atomhüllen; sie werden durch die auftreffende Strahlung zum Mitschwingen gebracht. Diese erzwungenen Schwingungen der Elektronen verursachen ihrerseits die Ausstrahlung von sekundären Wellen, und das ist die Sekundärstrahlung. Die experimentellen Ergebnisse rechtfertigen die Annahme, daß hierbei zwischen der Aufnahme der Strahlungsenergie und der Ausstrahlung der Sekundärwellen keine weiteren, die Frequenz oder die Phase der Schwingungen verändernden Vorgänge eingeschaltet sind. Nur unter diesen Umständen ist überhaupt eine Interferenz der gestreuten Sekundärwellen möglich, und nur so kann es zur Verstärkung der Sekundärstrahlung in bestimmten Richtungen bzw. zur Schwächung oder sogar Auslöschung in anderen Richtungen kommen. In jedem einzelnen Fall werden alle diese Richtungen, und speziell die für die Strukturanalyse wichtigen ausgezeichneten Richtungen der Verstärkung, durch die Verteilung der *Elektronen* im Kristallgitter bestimmt. Stellen mit größerer Elektronendichte wechseln im Kristall in regelmäßiger periodischer Folge mit Stellen geringerer Elektronendichte und auch mit den von Elektronen freien Zwischenräumen ab. Die Periodizität der Elektronenverteilung hängt aber, wie schon erwähnt, von der periodischen Anordnung der Atomkerne im Kristall ab. Deshalb können wir auch die *Kerne* der Atome als *Repräsentanten* der Periodizität der Streuzentren annehmen, müssen aber im Auge behalten, daß ihr eigener Anteil an der Beeinflussung der Strahlung verschwindend klein ist. Erstens ist ihre Zahl kleiner als die der Elektronen, und zweitens ist die Beweglichkeit der Kerne ihrer tausendmal größeren Masse wegen sehr viel geringer als die Anpassungsfähigkeit der l ichten Elektronen an die Schwingungen des über sie hinwegstreichenden elektromagnetischen Feldes der auftreffenden Strahlung. Wenn wir trotzdem gerade die Kernabstände oder Gitterkonstanten a, b und c für die Angabe der periodischen Verteilung der Streuzentren in Anspruch nehmen, so wird diese Wahl durch die hiermit erzielte Vereinfachung der Beschreibung vollauf gerechtfertigt. Wir übergehen also die Elektronen und leiten die Beziehungen zwischen den Röntgenstrahlen und der Kristallstruktur so ab, als ob die gesamte Sekundärstrahlung von den Atomkernen ausginge.

2. Das primäre Parallelstrahlenbündel. Bei der Untersuchung der Feinstruktur der Kristalle blendet man aus der Strahlung der Röntgenröhre ein ganz schmales Strahlenbündel so heraus, daß es möglichst von allen Seiten parallel begrenzt ist und daher als Parallelstrahlenbündel gelten kann. In Wirklichkeit gibt es weder beim sichtbaren Licht noch bei Röntgenlicht Bündel von streng parallelen Strahlen. In der Optik, zum Beispiel bei den FRAUENHOFERschen Beugungserscheinungen, schafft man sich annähernd parallele Strahlen, indem man eine möglichst punktförmige Lichtquelle im Brennpunkt einer Linse anordnet. In der Röntgenphysik fehlt dieses Mittel; man muß sich, so gut es geht, damit behelfen, den Abstand des Kristalls von der Röntgenröhre ausreichend groß zu nehmen und schmale Blenden zu verwenden: Dann können die Strahlen als Parallelstrahlen betrachtet werden, und die im Bereich des Streukörpers ankommenden *Wellen* als ebene Wellen gelten. Die Berechnung divergierender Strahlen wäre außerordentlich kompliziert. Die modernen Feinstrukturanlagen, deren Blendenröhren bei 1 mm Öffnung 6 cm lang sind, genügen den gestellten Anforderungen, so daß man berechtigt ist, die primäre Strahlung als Parallelstrahlenbündel zu behandeln.

3. Die vereinfachte Konstruktion der Wegdifferenz. Die wunderbare Regelmäßigkeit im Aufbau der Kristalle gestattet es, bei den Betrachtungen aus der unübersehbaren Menge der Streuzentren immer nur einige wenige, oft sogar nur zwei oder drei benachbarte Atome herauszugreifen. Aus ihrer Zusammenarbeit schließt man dann auf die Zusammenarbeit aller übrigen Atome. Wählen wir irgendeinen Auftreffpunkt des Lichtes auf einem Leuchtschirm (Abb. 2), so führen zu diesem Punkt von den zwei Atomen A und B im Grunde genommen auch zwei Wege verschiedener Richtung. Da aber alle unsere experimentellen Vorrichtungen und auch insbesondere die Entfernung des Auffangschirmes vom Kristall sehr groß gegenüber den Atomabständen in den Kristallen sind, dürfen wir die beiden Richtungen als parallel annehmen: Der Winkel zwischen ihnen ist stets unmeßbar klein. Es bietet eine große Erleichterung, daß man nun die Wegdifferenz AC erhalten kann, indem man einfach von dem einen Atom aus eine Senkrechte auf die Parallele durch das andere Atom fällt (Abb. 2, rechts). Man braucht dann auch nicht mehr die Wege in ihrer ganzen Länge zu zeichnen, was auf üblichen Zeichenflächen maßstabgerecht überhaupt nicht möglich wäre. In den Richtungen, in denen die Wegdifferenz ein ganzes Vielfaches der Wellenlänge beträgt, tritt Verstärkung ein.

4. Die scharfe Begrenzung der Verstärkungsrichtungen (Sekundärstrahlen). Die von den Röntgenstrahlen getroffenen Bezirke eines Kristalles enthalten, wie schmal man das primäre Strahlenbündel auch wählen möge, immer noch eine ungeheuer große Menge von Atomen, da diese in dichtester Packung neben-

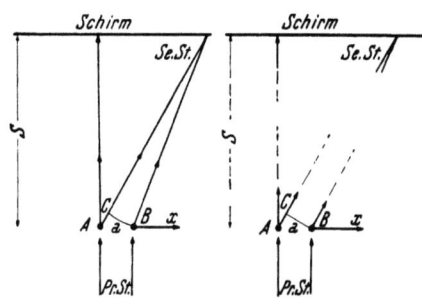

Abb. 2. Die Wegdifferenz zweier Strahlen. Die Fortpflanzungsrichtungen von Lichtimpulsen, die von zwei Atomen in A und B ausgehen und sich in einem Punkt auf einem Schirm treffen (links), dürfen als Parallelstrahlen (rechts) betrachtet werden, wenn der Schirmabstand s sehr viel größer ist als der Atomabstand a. Links ist BC ein Bogen, rechts — eine Gerade. Die Strecke AC ist die gesuchte Wegdifferenz. In unseren Apparaten ist s einige cm groß; die Gitterkonstanten a haben die Größe von einigen Ångström (1 Å = 10^{-8} cm). Daher ist $s/a \approx 10^8$.

einander liegen und ihre Durchmesser nur einige Angströmeinheiten (1 Å = 10^{-8} cm) betragen. Millionen von Atomen müssen auf einer Geraden aneinandergereiht werden, um nur eine 1 mm lange Strecke zu bilden. Infolge dieser Größenverhältnisse haben wir es immer mit dem Zusammenwirken einer ungeheuer großen Zahl von Streuzentren zu tun. Um den Einfluß der großen Zahl zu verstehen, betrachten wir die Abb. 3: Man sieht auf ihr links nur zwei streuende Atome, und rechts vier, also zweimal mehr Streuzentren in gleichen Abständen. Auf diese Atomanordnungen trifft senkrecht von unten ein Bündel paralleler Primärstrahlen. Von der Sekundärstrahlung sind nur die Richtungen gezeichnet, in denen sie sich entweder ganz aufhebt (d — dunkel) oder maximal verstärkt (h — hell). Zwischen der Richtung der Primärstrahlen und dem ersten seitlichen Maximum (h) liegt bei *zwei* Atomen nur *eine* Auslöschung (*d*), während bei *vier* Atomen in *drei* Richtungen durch Interferenz totale Auslöschung eintritt. Von diesen drei Richtungen stimmt die mittlere mit der Richtung bei zwei Atomen überein und ist deshalb bei den vier Atomen im unteren Teil der Abb. 3b nicht nochmals angegeben: In dieser Richtung löschen sich die Sekundärstrahlungen der *beiden Paare* benachbarter Atome in der Abb. 3b gerade so aus, wie an dem *einen Paar* der Abb. 3a, weil die Wegdifferenz $\frac{\lambda}{2}$ ist. In den beiden anderen Richtungen, die in der Abbildung 3b hinzukommen, ist die Wegdifferenz der Atompaare I und III, II und IV gerade $\frac{1}{2}$ bzw. $1\frac{1}{2} \lambda$ groß, und deshalb tritt hier zusätzlich auch in diesen Richtungen Auslöschung ein. Die

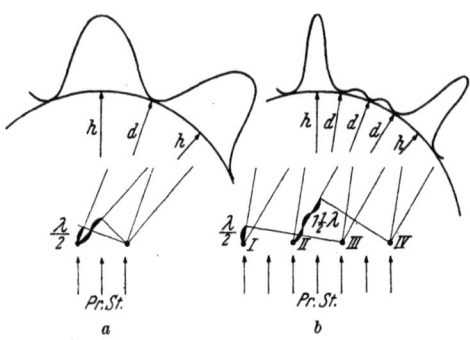

Abb. 3. Die Maxima (*h* = hell) und die Minima (*d* = dunkel) des gestreuten Lichtes bei zwei bzw. vier streuenden Atomen. Infolge der Vermehrung der *d*-Richtungen treten die Hauptmaxima in *b* schärfer hervor.

sich im ganzen ergebende Lichtverteilung ist auf einem den gedachten Kristall zylindrisch umgebenden Schirm angegeben. Man muß sich aber dabei vorstellen, daß die Punktreihen zu winzigen Gebilden im Zentrum des Schirmes zusammenschrumpfen[1]. Man findet bei vier Atomen drei Dunkelrichtungen und zwischen ihnen zwei schwache Nebenmaxima. Dadurch wird bereits eine merkliche Verschärfung der Hauptmaxima gegenüber den breiten Maxima bei nur zwei Atomen hervorgerufen. Setzen wir in Gedanken die Vermehrung der Atome weiter fort, so erhalten wir bei acht Atomen sieben Dunkelrichtungen und sechs noch schwächeren Nebenmaxima, und damit noch schärfere Hauptmaxima. Je größer die Zahl der Dunkelrichtungen wird und je näher sie dabei an die Hauptmaxima

---

[1] Um die Übersichtlichkeit nicht durch Nebensächliches zu stören, ist davon abgesehen worden, die bei der Lichtstreuung auftretende Abnahme der Intensität des Streulichtes mit wachsendem Streuwinkel auch noch zu berücksichtigen.

Die scharfe Begrenzung der Verstärkungsrichtungen. 7

heranrücken, desto schärfer werden diese, so daß sich die Sekundärstrahlung schließlich nur noch in den Verstärkungsrichtungen allein bemerkbar macht und in allen anderen Richtungen nicht etwa nur schwächer, sondern praktisch Null ist. Diese Umstände, die beim Zusammenwirken der auf engstem Raum angeordneten Atome der Kristalle in einem sehr hohen Grade gegeben sind, berechtigen dazu, von *Strahlen* zu sprechen. (Eine unmittelbare Vorstellung von der scharfen Begrenzung der ausgezeichneten Verstärkungsrichtungen kann man erhalten, wenn man an einem ganz regelmäßig gepflanzten Walde vorbeigeht: Nur in ganz bestimmten Richtungen sieht man durch den Wald glatt hindurch.) Die allmähliche Zunahme der Schärfe solcher Maxima kann man mit sichtbarem Licht an Strichgittern mit verschiedener Anzahl N von Spalten (3 bis 250) bei gleicher Gitterkonstante gut verfolgen und auch demonstrieren. Abb. 4 zeigt, wie die Maxima des abgebeugten Lichtes immer schärfer werden, je mehr Spalte mitwirken. Bei einer sehr großen Anzahl von Spalten oder Atomen entstehen also tatsächlich immer diskrete „Strahlen", die Streustrahlen oder Sekundärstrahlen genannt und wie gewöhnliche, in bestimmten Richtungen ausgeblendete Lichtstrahlen behandelt werden können.

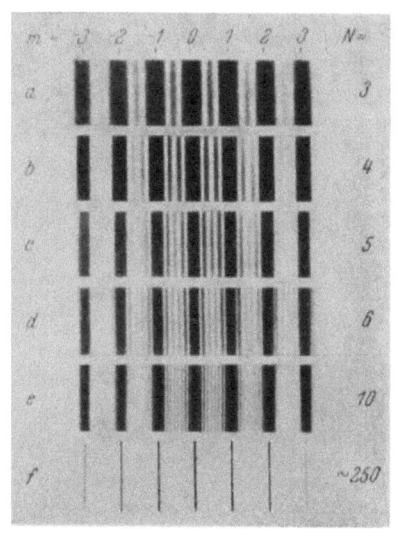

Abb. 4. Die Beugungsfigur eines Strichgitters in Abhängigkeit von der Zahl der Gitteröffnungen. Die Abbildung ist ein Negativ: die dunklen Stellen bedeuten Beugungsmaxima, die hellen -minima. Die Ordnungszahl ist m. Die Abbildung zeigt die zunehmende Schärfe der Beugungsmaxima bei steigender Anzahl der Spalte bei Strichgittern von gleicher Gitterkonstante. Spalte spielen für sichtbares Licht dieselbe Rolle wie die Streuzentren für das Röntgenlicht. Man erkennt: bei 3 Spalten liegen zwischen den Hauptwerten 2 Minima und 1 Nebenmaximum, bei 4 Spalten liegen zwischen den Hauptwerten 3 Minima und 2 Nebenmaxima, bei 5 Spalten liegen zwischen den Hauptwerten 4 Minima und 3 Nebenmaxima, bei 6 Spalten liegen zwischen den Hauptwerten 5 Minima und 4 Nebenmaxima, bei 10 Spalten liegen zwischen den Hauptwerten 9 Minima und 8 Nebenmaxima. (Aus POHL, Optik.)

I. Das eindimensionale Punktgitter oder Liniengitter.

Das einfache eindimensionale Punktgitter besteht aus einer geraden äquidistanten Punktreihe. Die Periodizität einer solchen Punktreihe wird durch eine einzige Zahlenangabe a, die Entfernung zweier benachbarter Punkte oder Atome, bestimmt. Für diese Größe soll hier auch die Bezeichnung Gitterkonstante gebraucht werden, trotzdem wir ein solches Atomgitter in Wirklichkeit nicht herstellen können. Das zur Bestrahlung von Kristallen verwendete Röntgenlicht kann verschiedenartig sein: Entweder besteht es aus Röntgenstrahlen mit kontinuierlicher Wellenskala („weißes Röntgenlicht") oder es ist homogen von einer bestimmten Wellenlänge („einfarbiges Röntgenlicht"). Mit einer einzigen Ausnahme (v. LAUE-Verfahren, S. 63) wird hier durchweg von homogenem Röntgenlicht bekannter Wellenlänge die Rede sein. Um die Sekundärstrahlen eines Liniengitters zu erhalten, muß man dann nur noch den Eintrittswinkel α_0 zwischen den Primärstrahlen und der Punktreihe kennen.

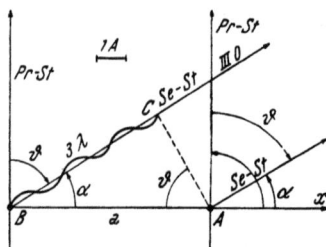

Abb. 5. Die Wegdifferenz der Sekundärstrahlen bei senkrechter Inzidenz der Primärstrahlen. λ = Wellenlänge der Röntgenstrahlen; $\lambda = 2$ Å. a = Gitterkonstante des Punktgitters; $a = 7$ Å. $\varkappa$ = Winkel zwischen Sekundärstrahl und Punktreihe; $\alpha = 31°$; $\cos 31° = 0{,}857$. ϑ = Ablenkungswinkel der Sekundärstrahlen; $\vartheta = 90° - \alpha = 59°$. $a \cdot \cos \alpha = 7 \cdot 0{,}857 = 6 = 3\lambda$.

Die Sekundärstrahlen bei senkrechter Inzidenz der Primärstrahlen. Um mit dem allereinfachsten Fall zu beginnen, nehmen wir an, daß die Primärstrahlen senkrecht zu einer horizontalen Punktreihe von unten einfallen, also mit dieser einen Winkel von $\alpha_0 = 90°$ bilden (s. Abb. 5). Dann werden alle Streuzentren *gleichzeitig* von den Primärstrahlen getroffen, und man erhält bei einer beliebigen Richtung die Wegdifferenz der Strahlen von zwei benachbarten Atomen, indem man wieder von einem Atom (A) die Senkrechte auf die Richtungsgerade des anderen Atoms (B) fällt. In der Abb. 5 sei $a = 7$ Å und $\lambda = 2$ Å. Die Wegdifferenz BC ist eine Kathete des rechtwinkligen Dreiecks ABC und beträgt 3λ oder 6 Å, so daß in dieser Richtung ein Sekundär-

Die Sekundärstrahlen bei senkrechter Inzidenz.

strahl entsteht. Allgemein schreiben wir $h \cdot \lambda$ mit der Nebenbedingung, daß die Ordnungszahl h eine ganze Zahl sein muß. Den Winkel zwischen der Punktreihe und dem Sekundärstrahl benennen wir Austrittswinkel, bezeichnen ihn mit α und entnehmen der Zeichnung die Beziehung

$$h \cdot \lambda = a \cdot \cos \alpha. \qquad (I, 1)$$

Setzt man in diese Gleichung für h ganze Zahlen ein, so erhält man für jeden Wert von h zwei Winkel, wie das aus Tab. 1 ersichtlich ist.

Tabelle 1.

Ordnungszahl h	$\cos \alpha = \dfrac{h \cdot \lambda}{a}$	Winkel des Sekundärstrahles mit der Punktreihe (Austrittswinkel)	
1	0,286	73,4°	286,6°
2	0,572	55,1	304,9
3	0,858	30,9	329,1

In der Abb. 6 sind in *drei* Richtungen Sekundärstrahlen gezeichnet, denen die Wegdifferenzen 1λ, 2λ und 3λ entsprechen. Man nennt sie Sekundärstrahlen erster, zweiter und dritter Ordnung. Die Werte der Zahl $h = 1$, 2 oder 3 geben also immer die Ordnung der Sekundärstrahlen an und daher wird h Ordnungszahl oder auch Index genannt. Die in der Abb. 5 gezeichneten Sekundärstrahlen sind also von dritter Ordnung; zwischen ihnen und den Primärstrahlen liegen in Abb. 6 noch die Sekundärstrahlen erster und zweiter Ordnung.

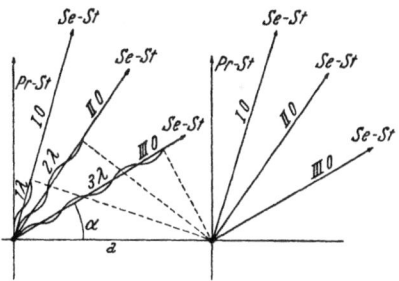

Abb. 6. Die Ordnungszahl h gibt an, wieviel Wellenlängen in der Wegdifferenz enthalten sind. a und λ wie in Abb. 5.

In beiden Zeichnungen, Abb. 5 und Abb. 6, könnten wir dann noch die Winkel der vierten Kolonne der Tab. 1 hineinzeichnen. Diese Sekundärstrahlen liegen unterhalb der Punktreihe und sind in bezug auf diese symmetrisch zu den gezeichneten Strahlen. Schließlich ergeben sich links vom Primärstrahl noch sechs Streurichtungen mit den Ordnungszahlen $h = -1, -2$ und -3, die ebenfalls symmetrisch angeordnet sind. Sehen wir von den Sekundärstrahlen, die mit den Primärstrahlen zusammenfallen, ab, so sind in dem betrachteten Fall in der Zeichenebene höchstens $4 \cdot 3 = 12$ Sekundärstrahlen bzw. Austrittswinkel α möglich. Diese aufgedrungene Beschränkung auf einige wenige Ordnungszahlen hängt damit zusammen, daß bei höheren Werten von h der Gl. (I, 1) nicht mehr genügt werden kann. So wird zum Beispiel für $h = 4$ das Produkt $h \cdot \lambda = 8$ größer als a; das ist aber nicht möglich, da der cos immer kleiner als 1 ist. Ist bereits $1 \cdot \dfrac{\lambda}{a}$ größer als 1, so sind überhaupt keine Sekundärstrahlen möglich; mit anderen Worten, die Wellenlänge der Röntgenstrahlen muß etwas kleiner als die Gitterkonstante des Liniengitters sein. Die Wellenlänge darf aber auch nicht allzu klein gewählt werden, da sonst wiederum zuviel Sekundärstrahlen zustande kommen und es immer schwieriger wird, den Sekundärstrahlen die richtige Ordnungszahl h zuzuordnen. Daß die so einfache Formel (I, 1) alle Möglichkeiten erfaßt, erklärt sich aus der bekannten Beziehung $\cos(-\alpha) = \cos \alpha$[1].

---

[1] Die Richtlinien für ein einheitliches Vorgehen beim Messen von Winkeln findet man in der ÖNORM A 6420 und in der DIN-Norm 1312. Sind in einer Ebene Winkel zu messen, so ist die Ebene vorher zu orientieren, d. h. es muß in ihr ein Umlaufsinn (Drehsinn) festgesetzt sein. Als positiv bezeichnet man einen Drehsinn, der für einen daraufblickenden Beobachter entgegengesetzt dem der Drehung des Uhrzeigers erscheint. Außerdem muß festgesetzt werden, von welchem Schenkel des Winkels ausgehend die Drehung ausgeführt werden soll. Hat man den Winkel zweier Geraden zu bestimmen, so muß außer der Reihenfolge auch noch ihre Orientierung bekannt sein. Nun haben Strahlen immer schon einen bestimmten Richtungssinn; für eine horizontal liegende Punktreihe aber muß festgelegt werden, daß wir sie stets von links nach rechts orientieren werden. Die Reihenfolge von Punktreihe und Lichtstrahl legen wir so fest, daß stets von der Punktgeraden ausgegangen werden soll; handelt es sich aber um zwei Strahlen, den Primärstrahl und den Sekundärstrahl z. B., so liegt es nahe, vom Primärstrahl auszugehen. Durch diese Bindungen genügen wir den Grundforderungen der einheitlichen Winkelmessung, behalten uns jedoch vor, in bestimmten Fällen davon abzuweichen, wenn die Vorzeichen belanglos sind. Solche Abweichungen werden durch die Eigentümlichkeiten der hier behandelten Probleme nahegelegt. In den meisten Formeln kommt hier der cos vor und $\cos(\alpha)$ ist gleich $\cos(-\alpha)$. Abgesehen davon, handelt es sich um die Berech-

Die Sekundärstrahlen bei senkrechter Inzidenz. 11

Aufgabe 1. Wie groß ist die Gitterkonstante einer Punktreihe, wenn für $\lambda = 1{,}5$ Å der Sekundärstrahl vierter Ordnung mit der Punktreihe einen Winkel von $\alpha = 60°$ einschließt?
Antwort. $4 \cdot 1{,}5 = a \cdot \cos 60°$; $\cos 60° = 0{,}5$; $a = 12$ Å $= 1{,}2 \cdot 10^{-7}$ cm.

Aufgabe 2. Ein Sekundärstrahl zweiter Ordnung bildet mit der Punktreihe einen Winkel $\alpha = 30°$. Die Gitterkonstante ist $a = 4$ Å. Gesucht wird die Wellenlänge des Röntgenlichtes.
Antwort. $2\lambda = 4 \cdot \cos 30°$; $\cos 30° = 0{,}87$; $\lambda = 1{,}74$ Å.

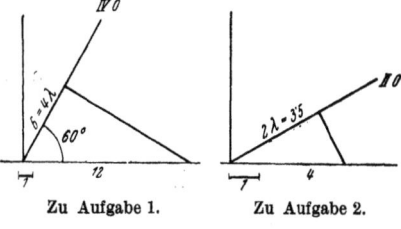

Zu Aufgabe 1. Zu Aufgabe 2.

Oft ist es vorteilhafter, den Austrittswinkel α durch den Ablenkungswinkel ϑ zwischen dem Sekundärstrahl in der Zeichenebene[1] und dem Primärstrahl zu ersetzen (s. Abb. 5). In dem soeben behandelten Fall der senkrechten Inzidenz der Primärstrahlen sind α und ϑ Komplementärwinkel und es ist daher

$$h \cdot \lambda = a \cdot \sin \vartheta. \tag{I, 2}$$

Um den Ablenkungswinkel ϑ zu erhalten, fängt man die Primär- und Sekundärstrahlen entweder auf einer für Röntgenlicht empfindlichen Platte oder auf einem Filmstreifen auf. Die Platte wird senkrecht zu den Primärstrahlen angebracht. Ihr Abstand von dem Gitter sei s. Dann erzeugt ein Sekundärstrahl, dessen Ablenkungswinkel ϑ ist, auf der Platte einen Streupunkt (Schwärzungspunkt) im Abstande

$$d = s \cdot \tang \vartheta \tag{I, 3}$$

von dem in der Mitte des Diagramms liegenden Schwärzungspunkt des Primärstrahles. Die Filmstreifen werden bei Röntgennung von Wegdifferenzen, von denen gefordert wird, daß sie eine ganze Zahl von Wellenlängen enthalten sollen, wobei es aber vollkommen gleichgültig ist, ob der eine oder der andere Strahl verspätet an einem Punkt eintrifft, d. h. es ist belanglos, ob die Wegdifferenz positiv oder negativ ausfällt.

[1] Im Raum umgibt das Liniengitter (vgl. S. 25) ein Kegelmantel aus Sekundärstrahlen, die mit dem Primärstrahl ganz andere Winkel bilden. Wenn hier von dem Ablenkungswinkel die Rede ist, so bezieht sich das nur auf denjenigen Sekundärstrahl, der mit dem Primärstrahl und dem Liniengitter zusammen in einer Ebene, der Zeichenebene, liegt.

12 Das eindimensionale Punktgitter oder Liniengitter.

aufnahmen an der Wand einer zylindrischen Kammer befestigt, in deren Mitte der Kristall angebracht ist und deren Achse zu den Primärstrahlen senkrecht steht. Die Ablenkungswinkel berechnet man dann aus der Bogenlänge b und dem Radius r der Filmkammer: $\vartheta = \dfrac{b}{r}$ in Radianten oder $\dfrac{360 \cdot b}{2 \cdot \pi \cdot r} = 57.3 \dfrac{b}{r}$ in Graden.

Aufgabe 3. Wie groß sind die Ablenkungswinkel bei den in den Aufgaben 1 und 2 angeführten Sekundärstrahlen?
Antwort. Aufgabe 1. $\vartheta = 30°$ und Aufgabe 2. $\vartheta = 60°$.

Aufgabe 4. Auf einem $s = 20$ cm von einer Punktreihe entfernten Schirm erscheint ein Streupunkt erster Ordnung in $d = 10$ cm Entfernung vom Schwärzungspunkt des Primärstrahles. Die Gitterkonstante der Punktreihe ist $a = 4$ Å. Wie groß ist die Wellenlänge der Röntgenstrahlen?

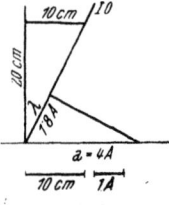

Zu Aufgabe 4.

Antwort. tang $\vartheta = \dfrac{10}{20} = 0,5$; $\vartheta = 26,6°$;
$\lambda = 4 \cdot \sin 26,6° = 4 \cdot 0,448 = 1,8$ Å.

Aufgabe 5. Es sind bei senkrechter Inzidenz der Strahlen zwei Ablenkungswinkel $\vartheta_1 = 19° 28'$ und $\vartheta_2 = 30° 0'$ gemessen worden. Bekannt ist noch die Wellenlänge der Röntgenstrahlen $\lambda = 2$ Å. Gesucht wird die Gitterkonstante der Punktreihe.

Antwort. Diese Aufgabe unterscheidet sich von den bisherigen dadurch, daß die Ordnung der Sekundärstrahlen nicht bekannt ist. Wäre nur *ein* Ablenkungswinkel gegeben, so könnte man die Gitterkonstante nicht finden, da man nur eine Gl. (I, 2) mit zwei Unbekannten, h und a, hätte: Unendlich viele Kombinationen von h- und a-Werten erfüllen die Gleichung. Hat man aber *zwei* Winkel, so kann man zwei Gleichungen mit drei Unbekannten a, h_1 und h_2 aufstellen. Obgleich immer noch die Zahl der Unbekannten die Anzahl der Gleichungen übertrifft, ist jetzt trotzdem eine Lösung möglich. Dazu verhilft die Nebenbedingung, daß h_1 und h_2 ganze Zahlen sein müssen. Es folgt nämlich daraus, daß die beiden sin-Werte: $\sin 19° 28' = 0,333$ und $\sin 30° = 0,500$ einen gemeinsamen Teiler haben müssen. Diesen Teiler kann man erraten oder auch durch sukzessive Division finden; er ist in diesem Fall $= 0,167$. Daraus folgt, daß $h_1 = 2$ und $h_2 = 3$ sein muß. Die Berechnung der Gitterkonstanten macht dann weiter keine Schwierigkeiten: Es ist $a = \dfrac{2 \cdot 2}{0,333} = 12$ Å oder $= \dfrac{3 \cdot 2}{0,5} = 12$ Å.

Die Sekundärstrahlen bei schiefer Inzidenz. Fällt die Primärstrahlung nicht senkrecht, sondern unter irgendeinem Winkel α_0 auf die Punktreihe, so treffen die Primärstrahlen nicht mehr gleichzeitig auf die Atome der Reihe; das verändert die Bestimmung der Wegdifferenz der Sekundärstrahlen, und zwar setzt sich diese jetzt aus zwei Teilen zusammen, wie man aus der Abb. 7 erkennen kann. Infolge der schiefen Inzidenz entsteht bereits vor dem Erreichen der Streuzentren eine Wegdifferenz, die zu der nach der Streuung auftretenden Wegdifferenz von Fall zu Fall entweder addiert oder von ihr subtrahiert werden muß.

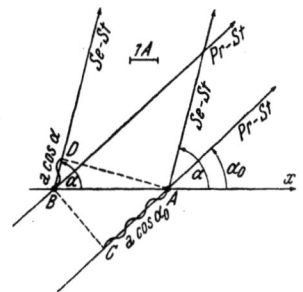 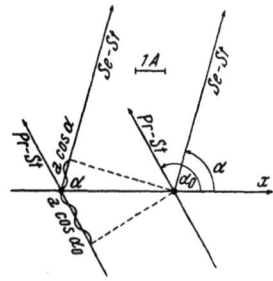

Abb. 7a. Die Berechnung der Wegdifferenz, wenn die Primärstrahlen geneigt zur Punktreihe einfallen: $\alpha_0 = 41{,}5°$. Die Gitterkonstante ist $a = 4$ Å. Durch die Neigung der Primärstrahlen entsteht die Wegdifferenz $a \cdot \cos \alpha_0 = 4 \cdot 0{,}75 = 3$ Å oder 3λ (bei $\lambda = 1$ Å). Durch die Neigung der Sekundärstrahlen entsteht die Wegdifferenz $a \cdot \cos \alpha = 4 \cdot \cos 75{,}5 = 4 \cdot 0{,}25 = 1$ Å. Die resultierende Wegdifferenz wird durch Subtraktion erhalten und ist gleich 2 Å oder 2λ.

Abb. 7b. Die Neigung der Primärstrahlen zur Punktreihe beträgt 120°. Da $\cos 120° = -\cos 60° = -1/2$ ist, entsteht eine Wegdifferenz $4/2 = 2$ Å oder 2λ. Die Neigung der Sekundärstrahlen ist die gleiche wie in Abb. 7a. Die resultierende Wegdifferenz wird durch Addition erhalten: $2 + 1 = 3 \lambda$. Die Formel $h \cdot \lambda = a \cdot (\cos \alpha - \cos \alpha_0)$ umfaßt beide Fälle, 7a und 7b.

Um diese zusätzliche Wegdifferenz zu erhalten, fällt man von dem einen Streuzentrum B (Abb. 7a) eine Senkrechte auf den Primärstrahl durch A. Wie man dann sieht, beträgt der Wegunterschied vor der Streuung $AC = a \cdot \cos \alpha_0$. Nach der Streuung entsteht wie bisher eine Wegdifferenz $BD = a \cdot \cos \alpha$. In dem auf der Abb. 7a wiedergegebenen Fall sind $\cos \alpha_0$ und $\cos \alpha$ beide positiv und man erkennt aus der Zeichnung, daß die endgültige Wegdifferenz durch Subtraktion der beiden Anteile erhalten wird. Für eine Verstärkungsrichtung gilt daher

$$h \cdot \lambda = a \cdot \cos \alpha - a \cdot \cos \alpha_0 = a \cdot (\cos \alpha - \cos \alpha_0). \qquad (I, 4)$$

Diese Formel geht bei senkrechter Inzidenz wegen $\cos 90° = 0$ in die Formel (I, 1) $h \cdot \lambda = a \cdot \cos \alpha$ über; sie gilt auch für den in Abb. 7b wiedergegebenen Fall, bei dem die Anteile, wie man

14 Das eindimensionale Punktgitter oder Liniengitter.

sieht, zu addieren sind. Dazu ist nur erforderlich, daß man die Winkel α und α_0 beide in ein und demselben Drehsinn beurteilt, also von der positiven Richtung der Punktreihe ausgehend, für beide die dem Uhrzeiger entgegengesetzte Richtung wählt (positive Drehrichtung). Die Addition der Anteile ergibt sich dann dadurch, daß der Winkel α_0 in Abb. 7b größer als 90° ist: Der cos wird negativ und die Subtraktion in der Formel (I, 4) geht automatisch in eine Addition über. Somit enthält diese Formel die endgültige und allgemeine Lösung des eindimensionalen Problems.

Aufgabe 6. Der auftreffende Strahl bildet mit der Punktreihe einen Winkel von $\alpha_0 = 60°$; es wird ein Sekundärstrahl in der Rich-

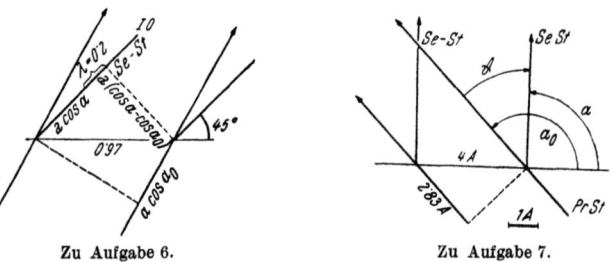

Zu Aufgabe 6.   Zu Aufgabe 7.

tung $\alpha = 45°$ festgestellt. Wie groß ist die Gitterkonstante, wenn es sich um einen Strahl erster Ordnung handelt und die Wellenlänge der Röntgenstrahlen $\lambda = 0{,}2$ Å ist?
Antwort. $h = 1$; $0{,}2 = a \cdot (\cos 45° - \cos 60°) = a \cdot (0{,}707 - 0{,}5) = 0{,}207 \cdot a$; $a = 0{,}97$ Å.

Aufgabe 7. Gegeben: Der Winkel zwischen dem Primär- und dem Sekundärstrahl erster Ordnung, also der Ablenkungswinkel $\vartheta = 45°$; der Sekundärstrahl erster Ordnung $\alpha = 90°$; die Gitterkonstante $a = 4$ Å. Wie groß ist die Wellenlänge?
Antwort. $\vartheta = \alpha - \alpha_0 = -45°$; $\alpha_0 = 90° - (-45°) = 135°$; $\lambda = 4 \cdot (0 - \cos 135°) = 4 \cdot (+0{,}707) = 2{,}83$ Å.

Aufgabe 8. Gegeben: $\alpha_0 = 80°$; $\alpha = 30°$; $\lambda = 2$ Å; $a = 5{,}78$ Å. Welches ist die Ordnungszahl des Sekundärstrahles?
Antwort. $\cos 80° = 0{,}174$; $\cos 30° = 0{,}866$; $h \cdot 2 = 5{,}78 \cdot (0{,}866 - 0{,}174) = 5{,}78 \cdot 0{,}692 = 4$; $h = 4 : 2 = 2$.

Aufgabe 9. Gegeben sind die Gitterkonstante $a = 3$ Å und die Wellenlänge $\lambda = 1{,}5$ Å. Die einfallenden Strahlen bilden mit der Punktreihe einen Winkel von $\alpha_0 = 120°$. In welcher Richtung wird der Sekundärstrahl zweiter Ordnung liegen?

Die Sekundärstrahlen bei schiefer Inzidenz. 15

Antwort. $2 \cdot 1,5 = 3 \cdot (\cos \alpha - \cos 120°)$; $\cos \alpha = \dfrac{2 \cdot 1,5 - 3 \cdot 0,5}{3} =$
$= 0,5$; $\alpha = 60°$; $\vartheta = \alpha - \alpha_0 = 60° - 120° = -60°$.

Aufgabe 10. Zeige, daß die Wegdifferenz zweier Strahlen, welche von Atomen im Abstande $2a$ ausgehen, doppelt so groß ist, wie die Wegdifferenz der Strahlen benachbarter Atome.

Antwort. Beide Anteile verdoppeln sich, da alle Seiten der Dreiecke in Abb. 7a oder 7b zweimal größer werden.

Im Falle senkrechter Inzidenz der Primärstrahlen liegen die Sekundärstrahlen auf beiden Seiten symmetrisch zur Einfalls-

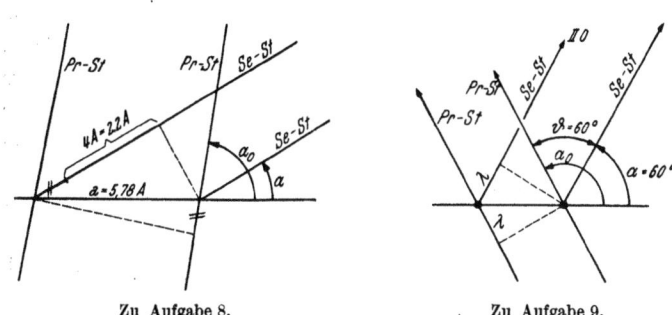

Zu Aufgabe 8.   Zu Aufgabe 9.

richtung der Primärstrahlen und man kann daher, ausgehend von der Abb. 6, die Gesamtheit aller möglichen in der Zeichnungsebene liegenden Sekundärstrahlen leicht übersehen. Fallen dagegen die Primärstrahlen unter einem beliebigen Winkel auf die Punktreihe, so liegen die Sekundärstrahlen nicht mehr symmetrisch zur Einfallsrichtung. Als Beispiel für eine solche unsymmetrische Verteilung der Sekundärstrahlen berechnen wir die Austrittswinkel α für $\alpha_0 = 300°$, $a = 5$ Å und $\lambda = 2$ Å nach der Formel (I, 4).

Tabelle 2.

Formel: $2h = 5 \cdot (\cos \alpha - \cos 300°)_1 = 5 \cdot (\cos \alpha - 0,5)$; $\cos \alpha =$
$= 0,2 \cdot (2h + 2,5)$.

h	$\cos \alpha$	α'	α''
$+1$	$0,9$	$25,8°$	$334,2°$
0	$0,5$	$60,0$	$300,0$
-1	$0,1$	$84,3$	$275,7$
-2	$-0,3$	$107,5$	$252,5$
-3	$-0,7$	$134,4$	$225,6$

Die Winkel der Tab. 2 sind in der Abb. 8 eingetragen. Da $\cos \alpha = \cos (360° - \alpha)$ ist, erhält man für jeden Wert von h jedesmal zwei Winkel α' und α''. Da ferner $\cos \alpha = \cos (-\alpha)$ ist, bleibt die Symmetrie in bezug auf die Punktreihe wie bei senkrechter Inzidenz erhalten. Im Hinblick auf eine spätere Anwendung ist es wichtig zu beachten, daß auch der Wegdifferenz 0 ($h = 0$) zwei Winkel entsprechen: außer dem trivialen Wert $\alpha = 300°$ noch der andere Wert $\alpha = 60°$. Es gibt also immer, ganz unabhängig von Gitterkonstante und Wellenlänge, eine von der Primärstrahlrichtung abweichende Streurichtung mit der Wegdifferenz 0. Sie bleibt auch dann noch erhalten, wenn die Primärstrahlen nicht homogen, sondern aus Strahlen verschiedener Wellenlänge zusammengesetzt sind. Diese Ausnahmerichtung ist aber, wie Abb. 9 zeigt, gleichzeitig gerade diejenige Strahlenrichtung, die man nach den Gesetzen der Reflexion erhalten würde: Der mit der Normalen zur Punktreihe gebildete Einfallswinkel des Primärstrahles gleicht in diesem Falle dem Winkel zwischen der Normalen und dem Sekundärstrahl. Aus dieser Übereinstimmung ergibt sich die Möglichkeit, beim Sekundärstrahl mit der

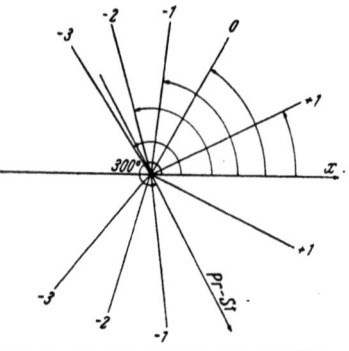

Abb. 8. Die Sekundärstrahlen verschiedener Ordnung (h) bei einem Neigungswinkel der Primärstrahlen von 300° (zu Tab. 2). Der Strahl 0-ter Ordnung entspricht dem Reflexionsgesetz: aus $0 \lambda = a (\cos \alpha - \cos \alpha_0)$. wird $\cos \alpha = \cos \alpha_0$ oder $\cos 60° = \cos 300°$. In der Optik des sichtbaren Lichtes betont man an Stelle dessen: Reflexionswinkel gleich Einfallswinkel (Abb. 9).

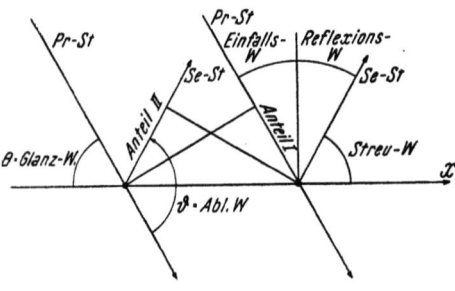

Abb. 9. Der Sekundärstrahl 0-ter Ordnung, wie in Abb. 8, und die verschiedene Bezeichnung der Winkel in der Röntgenoptik und in der Optik des sichtbaren Lichtes. Die Wegdifferenzen vor und nach der Streuung (Anteil I und Anteil II) sind entgegengesetzt gleich und heben einander daher auf. Der Glanzwinkel ist der Komplementärwinkel zum Einfallswinkel, der Streuwinkel zum Reflexionswinkel. Der Ablenkungswinkel ϑ ist gleich dem Doppelten des Glanzwinkels Θ.

Konstruktion der Sekundärstrahlen bei senkrechter Inzidenz. 17

Wegdifferenz 0 im *übertragenen* Sinne von einer Reflexion der Primärstrahlen zu sprechen. Diese Möglichkeit wird aber in einer etwas anderen Weise als in der Optik ausgenutzt. Man führt an Stelle des Einfallswinkels der Primärstrahlen mit der Normalen dessen Komplementärwinkel Θ ein und bezeichnet ihn als ,,Glanzwinkel"[1]. Der Glanzwinkel ist der spitze Winkel, den der Primärstrahl mit der ,,reflektierenden" Punktreihe einschließt. Ihm gleicht, nach den Gesetzen der Reflexion, der Winkel, den der Sekundärstrahl mit der Punktreihe einschließt (Austrittswinkel oder Streuwinkel). Man erkennt aus der Abb. 9, in der dieser Fall hervorgehoben ist, daß die Wegdifferenz aus zwei gleichen Teilstrecken besteht, die einander in ihrer Wirkung aufheben, ganz unabhängig davon, wie groß λ ist. Die Wellenlänge kann also in diesem Fall beliebig sein. Zu beachten ist ferner, daß der Ablenkungswinkel ϑ des Primärstrahles gleich dem Doppelten des Glanzwinkels Θ ist: $\vartheta = 2\,\Theta$.

Aufgabe 11. Berechne die Richtungen der Sekundärstrahlen, wenn die Primärstrahlen mit $\lambda = 2$ Å auf ein Punktgitter mit $a = 3$ Å unter 300° einfallen.

Antwort. $\cos 300° = 0{,}5$; $\quad 2 \cdot h = 3 \cdot (\cos \alpha - 0{,}5)$; $\quad \cos \alpha =$
$= \dfrac{1}{3} \cdot (2\,h + 1{,}5)$

$h = 0$	-1	-2
$\cos \alpha = 0{,}5$	$-0{,}167$	$-0{,}833$
$\alpha = 60°;\ 300°;$	$99{,}6°;\ 260{,}4°;$	$146{,}4°;\ 213{,}6°.$

Die geometrische Konstruktion der Sekundärstrahlen bei senkrechter Inzidenz. Eine von EWALD angegebene Konstruktion der Sekundärstrahlen hat sich hervorragend bewährt. Um deren Vorzüge richtig einschätzen zu können, zeichnen wir die Sekundärstrahlen der Abb. 5 und Abb. 6 (bei senkrechter Inzidenz) zuerst noch auf Grund der unveränderten Formel $h \cdot \lambda = a \cdot \cos \alpha$ (I, 1). Man erhält die Austrittswinkel der Tab. 1 auf geometrischem Wege, wenn man rechtwinklige Dreiecke mit der gemeinsamen Hypotenuse $a = 7$ Å konstruiert, wobei die Katheten die Werte 1 λ, 2 λ usw. haben. Im Dreieck ABC (Abb. 10) zum Beispiel ist die Kathete $BC = h \cdot \lambda = 2$ Å für $h = 1$; sie bildet mit

---

[1] Der Name ist nach WESTPHAL, Physikalisches Wörterbuch, Berlin-Göttingen-Heidelberg: Springer-Verlag, 1952, S. 484, eine schlechte Übersetzung von ,,glancing angle", dem Winkel, unter dem der reflektierte Strahl beim Drehen des Kristalls *aufblitzt*.

18 Das eindimensionale Punktgitter oder Liniengitter.

der in der Punktreihe liegenden Hypotenuse den gesuchten Austrittswinkel von 73,4° des Sekundärstrahles erster Ordnung. Um mit der Konstruktion zu beginnen, wählen wir die Verbindungsgerade zweier benachbarter Gitterpunkte A und B als Hypotenuse und beschreiben über ihr einen Halbkreis. Die Scheitelpunkte der gesuchten rechtwinkligen Dreiecke erhält man dann, indem man um B mit den Radien 1 λ, 2 λ usw. Kreisbögen beschreibt, die den Halbkreis schneiden. Von B ausgehende Gerade, welche durch die Schnittpunkte gehen, liefern dann die Richtungen der Sekundärstrahlen in Übereinstimmung mit den Abb. 5 und 6.

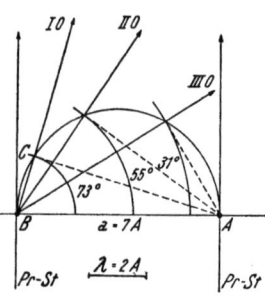

Abb. 10. Geometrische Konstruktion von Sekundärstrahlen verschiedener Ordnung. Die Gitterkonstante $a = 7$ Å ist die gemeinsame Hypotenuse. Die Wegdifferenz $h \cdot \lambda$ ($h = 1$, 2 und 3) bestimmt den Radius der drei Kreisbögen. Die Schnittpunkte der Kreisbögen mit dem Halbkreis bestimmen die Richtungen der Sekundärstrahlen.

Eine wesentliche Erleichterung erreicht EWALD dadurch, daß er die zu den Maßzahlen der Gitterkonstanten und der Wellenlänge reziproken Werte benutzt. Auf der Zeichnung (Abb. 11) wählt man für diese reziproken Beträge eine beliebige Strecke als Einheit (Betragseinheit BE) und konstruiert mit der „reziproken Gitterkonstanten" ein neues Liniengitter. Bei senkrechter Inzidenz der Strahlen genügt es dann, durch die Gitterpunkte zum reziproken Gitter senkrecht stehende Gerade zu ziehen und um einen der Gitterpunkte (0) als Zentrum einen Kreis zu schlagen mit der reziproken Wellenlänge als Halbmesser. Dann geben alle Schnittpunkte des Kreises mit der Parallelenschar der zum Gitter senkrechten Geraden die Richtung der vom zentralen Gitterpunkt 0 ausgehenden Sekundärstrahlen an. Zur Erklärung dieser Konstruktion muß man der Gl. (I, 1) eine Form geben,

$$h \cdot \frac{1}{a} = \frac{1}{\lambda} \cdot \cos \alpha,$$

in der die reziproken Größen auftreten. Die Abstände der Gitterpunkte entsprechen dann den Produkten $h \cdot \frac{1}{a}$ und sind gleichzeitig die Katheten der Dreiecke, die alle die reziproke Wellenlänge als gemeinsame Hypotenuse haben. Dadurch erhält man

Konstruktion der Sekundärstrahlen bei senkrechter Inzidenz.   19

in der Tat für alle möglichen Werte von cos α unmittelbar die entsprechenden Winkel mit Hilfe eines einzigen Kreises. Unter den 12 Sekundärstrahlen der Abb. 11 erkennt man auch diejenigen, welche mit den Strahlen der Abb. 5, 6 und 10 übereinstimmen.

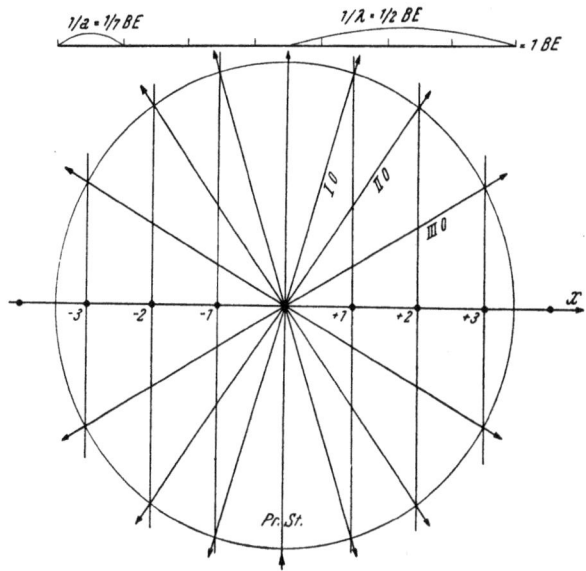

Abb. 11. Die Konstruktion der Sekundärstrahlen mit Hilfe des reziproken Gitters ($a = 7$ Å; $\lambda = 2$ Å). Auf der Zeichnung ist eine Strecke als Betragseinheit der reziproken Längen angenommen und die den Brüchen $\frac{1}{7}$ und $\frac{1}{2}$ entsprechende Strecke angegeben. Ein Punkt des reziproken Punktgitters wird als Nullpunkt gewählt. Bei senkrechter Inzidenz der Primärstrahlen schlägt man um den gewählten Nullpunkt einen Kreis mit dem Radius $\frac{1}{\lambda}$. Die Schnittpunkte dieses Kreises mit der Parallelenschar durch die Gitterpunkte des reziproken Punktgitters ergeben dann die vom Nullpunkt 0 ausgehenden Richtungen der Sekundärstrahlen.

Bei der Behandlung von zwei- und dreidimensionalen Gittern bewährt sich die Methode des reziproken Gitters, bei der alle Maßzahlen reziprok zu den Maßzahlen entsprechender Strecken im Primärgitter sind, in noch höherem Maße.

Aufgabe 12. Zeichne für $\lambda = 2$ und $a = 3$ (5) Å das reziproke Gitter in einem beliebigen Maßstabe; nimm die Strecke, welche der Größe $\frac{1}{\lambda} = \frac{1}{2}$ entspricht, in die Zirkelöffnung und beschreibe mit ihr einen Kreis um einen beliebigen Punkt des reziproken Gitters.

2*

Das eindimensionale Punktgitter oder Liniengitter.

Zeichne die Sekundärstrahlen und lies mit einem Transporteur die erhaltenen Winkel ab.

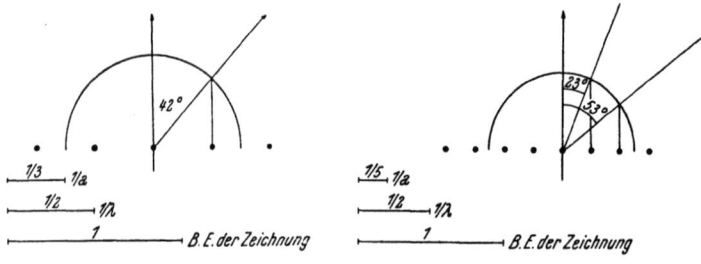

Zu Aufgabe 12.

Die Konstruktion der Sekundärstrahlen bei schiefer Inzidenz. Die Konstruktion mit Hilfe des reziproken Gitters muß nun noch so erweitert werden, daß sie auch bei schiefer Inzidenz der Primärstrahlen anwendbar ist. Dazu müssen wir die Gleichung:
$\frac{h}{a} = \frac{1}{\lambda} (\cos \alpha - \cos \alpha_0)$ zeichnerisch lösen. Wir schreiben sie
$\frac{h}{a} + \frac{1}{\lambda} \cos \alpha_0 = \frac{1}{\lambda} \cos \alpha$. Diese Gleichung unterscheidet sich von der bei senkrechter Inzidenz nur dadurch, daß hier der Wert $\frac{h}{a}$ um die konstante Größe $\frac{1}{\lambda} \cos \alpha_0$ vergrößert bzw. verkleinert wird (cos pos. oder neg.). In der Zeichnung muß also die Kathete $\frac{h}{a}$ im Falle schiefer Inzidenz jeweils um die Strecke $\frac{1}{\lambda} \cdot \cos \alpha_0$ verlängert oder verkürzt werden. Das erreicht man durch folgende Konstruktion: Es sei zum Beispiel $a = 5$ Å, $\lambda = 2$ Å und $\alpha_0 = 300°$ (Abb. 12). Man wählt im reziproken Gitter mit der Gitterkonstanten $\frac{1}{5}$ einen Ausgangspunkt 0, legt durch ihn den Primärstrahl und bestimmt auf diesem den Punkt M, indem man von 0 aus $\frac{1}{\lambda}$ mit entgegengesetztem Richtungssinn aufträgt.

Um den Punkt M wird ein Kreis mit dem Halbmesser $\frac{1}{\lambda}$ gezogen, der durch 0 geht und die zum reziproken Gitter senkrechte Parallelenschar schneidet. Die durch die Schnittpunkte fixierten Richtungen der Sekundärstrahlen der Abb. 12 stimmen mit den analytisch erhaltenen der Abb. 8 vollkommen überein.

Konstruktion der Sekundärstrahlen bei schiefer Inzidenz. 21

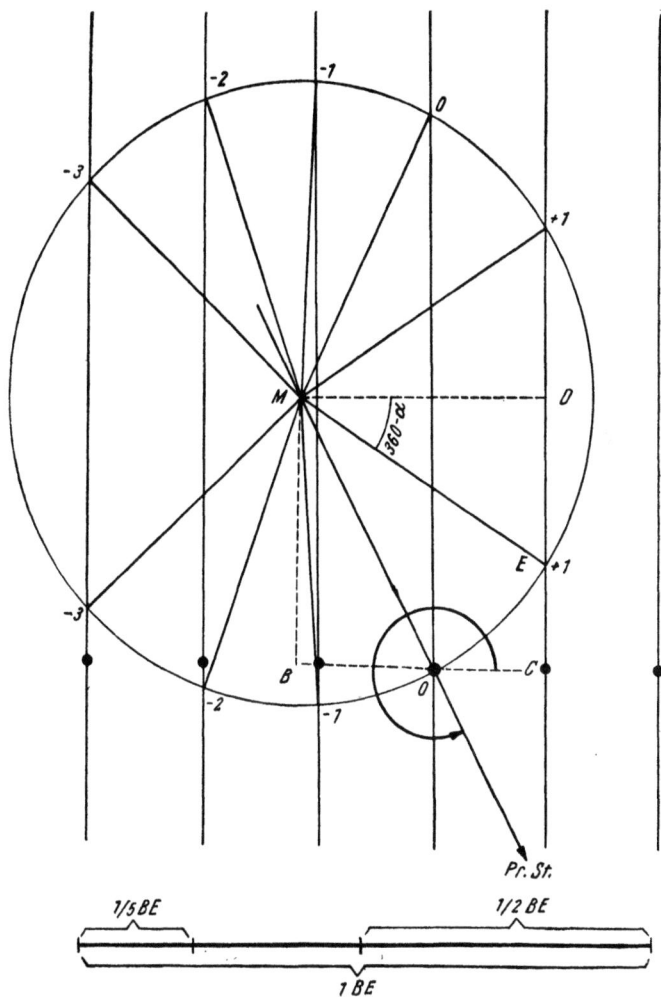

Abb. 12. Die EWALDsche Konstruktion der Sekundärstrahlen bei schräger Inzidenz. Der Winkel der Primärstrahlen mit der Punktreihe beträgt $\alpha_0 = 300°$. Die Gitterkonstante ist $a = 5$ Å; der reziproken Gitterkonstante entsprechen also $\frac{1}{a} = 0{,}2$ Betragseinheiten. Die Wellenlänge ist $\lambda = 2$ Å; der reziproken Wellenlänge entsprechen $\frac{1}{\lambda} = 0{,}5$ Betragseinheiten der Zeichnung. Mit dieser Strecke wird der Punkt M auf der Richtgeraden der Primärstrahlen entgegen deren Richtungssinn bestimmt. Die Kreislinie um M als Zentrum geht durch den als Ursprung gewählten Gitterpunkt des reziproken Gitters. Die Schnittpunkte der Lote auf die Punktreihe mit der Kreislinie geben die Richtungen der Sekundärstrahlen an.

Um zu erkennen, daß diese Konstruktion auch allgemein zutrifft, muß man das rechtwinklige Dreieck OBM betrachten. Die Hypotenuse des Dreieckes ist $\frac{1}{\lambda}$; der Winkel $BOM = \varphi$ ist, wie leicht ersichtlich, gleich $360 - \alpha_0$ und daher $\cos \varphi = \cos(360 - \alpha_0) = \cos \alpha_0$. Somit ist die anliegende Kathete $OB = \frac{1}{\lambda} \cdot \cos \alpha_0$. Um diese Strecke verschiebt sich der Mittelpunkt M von der durch den Ausgangspunkt 0 gehenden Geraden nach links, wenn $\cos \alpha_0$ positiv, und nach rechts, wenn $\cos \alpha_0$ negativ ist. Das entspricht aber im ersten Fall einer Verlängerung aller positiven von 0 aus gerechneten Strecken um $\frac{1}{\lambda} \cos \alpha_0$, wie es die linke Seite der Formel verlangt. Dieselben Strecken werden automatisch verkürzt, wenn der $\cos \alpha_0$ negativ ist und M rechts von der durch 0 gehenden senkrechten Geraden liegt. Als Beispiel betrachten wir den Sekundärstrahl erster Ordnung. Die zur Konstruktion ($\triangle MDE$) führende Kathete MD besteht aus zwei Teilen $OC = \frac{1}{a}$ und $OB = \frac{1}{\lambda} \cos \alpha_0$. Die Kathete MD entspricht also der veränderten Formel

$$h \cdot \frac{1}{a} + \frac{1}{\lambda} \cos \alpha_0 = \frac{1}{\lambda} \cos \alpha.$$

Sie bildet mit der Hypotenuse $ME = \frac{1}{\lambda}$ den Winkel $360 - \alpha$ und führt damit zugleich zur Konstruktion des Sekundärstrahles.

Aufgabe 13. Löse die Aufgabe 11 mit Hilfe des reziproken Gitters.

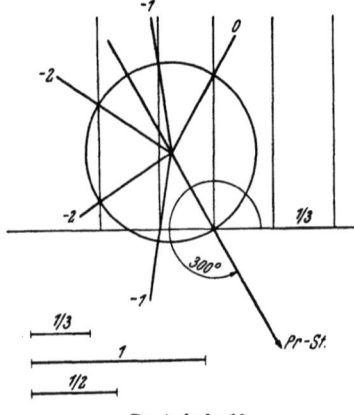

Zu Aufgabe 13.

Wie bereits erwähnt, verwendet man in der Praxis der Feinstrukturuntersuchungen fast ausschließlich die Ablenkungswinkel ϑ. Auch diese lassen sich bei einem eindimensionalen Gitter ohne weiteres den Zeichnungen entnehmen. Wird jedoch, umgekehrt, bei gegebenen Ablenkungswinkeln nach der Gitterkonstanten gefragt, so genügt eine sinngemäße Umordnung der Konstruktionsschnitte, um auch solche Aufgaben geometrisch zu lösen.

Konstruktion der Sekundärstrahlen bei schiefer Inzidenz. 23

Aufgabe 14. Gegeben sind die Ablenkungswinkel $\vartheta = 9{,}5$; $19{,}5$; 30; 42; $56{,}5°$. Die Wellenlänge der Primärstrahlung ist $\lambda = 2$ Å. Gefragt wird nach der Gitterkonstanten des linearen Punktgitters, auf welches die Primärstrahlung senkrecht einfällt.

Antwort. Wir legen in Gedanken das unbekannte reziproke Gitter in die horizontale x-Richtung und wählen einen beliebigen Punkt zu dessen Ursprung 0; die Primärstrahlung möge lotrecht *von oben* auf das Gitter fallen. Entgegen dieser Richtung tragen wir von 0 aus nach oben die reziproke Wellenlänge $\frac{1}{\lambda} = \frac{1}{2}$ auf und erhalten den Punkt M, um den wir durch 0 einen Kreisbogen schlagen. Darauf tragen wir

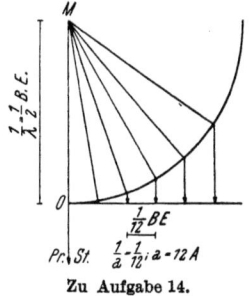

Zu Aufgabe 14.

von MO aus die gegebenen Ablenkungswinkel ein und ziehen von den Schnittpunkten mit dem Kreisbogen entsprechend der früheren Parallelenschar Lote auf die horizontale x-Richtung. Die erhaltenen Schnittpunkte geben dann die Lage der Gitterpunkte des reziproken Gitters an, womit die Aufgabe gelöst ist. Man erhält $\frac{1}{a} = \frac{2}{24} = \frac{1}{12}$ und $a = 12$ Å. Auf diesem Wege gelangt man am einfachsten zu der Indizierung der Sekundärstrahlen bzw. zu der Ordnung der Ablenkungswinkel und kann dann, falls eine größere Genauigkeit erforderlich ist, die gesuchte Gitterkonstante aus der Formel $h \cdot \lambda = a \sin \vartheta$ entsprechend der Meßgenauigkeit der Winkel angeben. Man wählt zu diesem Zweck meist den größten Ablenkungswinkel, da bei diesem der relative Fehler am kleinsten ist. In dieser Aufgabe ist $56{,}5$ der Ablenkungswinkel des Sekundärstrahles fünfter Ordnung; der $\sin 56{,}5° = 0{,}834$ und das ergibt für a den Wert $10 : 0{,}334 = 11{,}88$ Å.

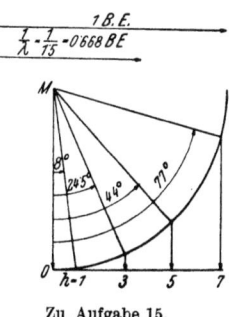

Zu Aufgabe 15.

Aufgabe 15. Gegeben sind die Ablenkungswinkel $8°$; $24{,}5°$; $44°$ und $77°$. Die Wellenlänge λ beträgt $1{,}5$ Å und die Strahlen fallen senkrecht auf die Punktreihe. Gesucht ist der Abstand der Streuzentren (Gitterkonstante).

Antwort. Die Lage der Gitterpunkte des reziproken Gitters wird wie in der vorhergehenden Aufgabe bestimmt (Abb. zu Aufgabe 14). Man erkennt, daß den Ablenkungswinkeln die Ordnungszahlen oder Indizes 1, 3, 5 und 7 zuzuordnen sind und daß die Sekundärstrahlen zweiter, vierter und sechster Ordnung fehlen oder aus irgendeinem Grund nicht beachtet oder beobachtet worden sind. Nach erfolgter

Indizierung berechnen wir mit sin 77° = 0,974 die Gitterkonstante nach der Formel (I, 2) $a = \frac{7 \cdot 1,5}{0,974} = 10,78$ Å.

Um den Nutzen oder die Zweckmäßigkeit der graphischen Indizierung mit Hilfe des reziproken Gitters zu erkennen, bringen wir zum Vergleich auch die zahlenmäßige Berechnung von a. In Tab. 3 sind die sin-Werte aller Ablenkungswinkel angegeben und man muß *erraten*, daß 0,139 ein gemeinsamer Teiler aller sin-Werte ist; in der Tat liegen die Quotienten bei der Division durch diesen Teiler in der Nähe ganzer Zahlen (3. Kolonne). So kommt man zu derselben Indizierung, die das reziproke Gitter direkt ohne jegliche Rechnung ermöglicht. In jedem Fall schafft das graphische Verfahren eine willkommene Kontrolle und veranschaulicht Wesen und Art der bei allen Problemen der Feinstrukturuntersuchungen notwendigen Indizierung.

Tabelle 3.

Ablenkungswinkel	sin ϑ	Quotient $\frac{\sin \vartheta}{\text{gemeins. Teiler}}$	h
8,0	0,139		1
24,5	0,415	2,98	3
44,0	0,695	5,0	5
77,0	0,974	7,01	7

Die räumliche Verteilung der Sekundärstrahlen. Es sind bisher nur die Erscheinungen in einer Ebene betrachtet worden (vgl. S. 11). Der Übergang zu dem ganzen Raum um die Punktreihe ist leicht zu finden. Man hat sich dazu nur vorzustellen, daß die Zeichenebene um die Punktreihe als Achse rotiert. Dabei beschreiben alle Sekundärstrahlen Kegelflächen. Die Gesamtheit der Verstärkungsrichtungen ergibt also ein System von Kreiskegelmänteln, oder noch genauer, von Doppelkreiskegeln. Zur Veranschaulichung sind in der Abb. 13 solche koaxiale Kreiskegel gezeichnet. Sie geben mit den sie begrenzenden Normalebenen kreisförmige Schnitte. Die den Primärstrahl enthaltende Normalebene wird Äquatorialebene genannt. Es erübrigt sich wohl, für die übrigen Abbildungen die ihnen entsprechenden Raumbilder auszuführen. Man erkennt auch so, daß es sich bei allen diesen Abbildungen um einen Schnitt der Zeichenebene durch eine Kegelschar handelt, und findet darin eine Erklärung für die auf S. 9 und 16 erwähnte Symmetrie der Sekundärstrahlen in bezug auf die Punktreihe.

Bei Betrachtung der Zeichnungen muß man beachten, daß von einem verlangt wird, die Größe der Punktreihe je nach Bedarf, bald größer, bald kleiner, einzuschätzen. Für die Bestimmungen von Wegdifferenzen müssen wir eine so starke Vergrößerung der Atomreihe wählen, daß die Gitterkonstante als meßbare Strecke erscheint; zeichnen wir dagegen einen Kegelmantel, so müssen wir die ganze Punktreihe in einem Punkt, die gemeinsame Spitze aller Doppelkegel, zusammenschrumpfen lassen.

Wird bei der Konstruktion der Sekundärstrahlen im Raum das reziproke Gitter benutzt, so muß die Schar paralleler *Geraden* durch eine Schar paralleler *Ebenen* ersetzt werden, die durch die Gitterpunkte gehen und auf der Punktreihe senkrecht stehen. An Stelle des Kreises mit dem Radius $\frac{1}{\lambda}$ tritt eine Kugelfläche, die Oberfläche der „Ausbreitungskugel". Aus ihr schneiden die Ebenen der Schar Kreise heraus, die zugleich Schnitte mit den Streukegeln sind. Die Abb. 11 geht auf diese Art in die räumliche Abb. 14 über.

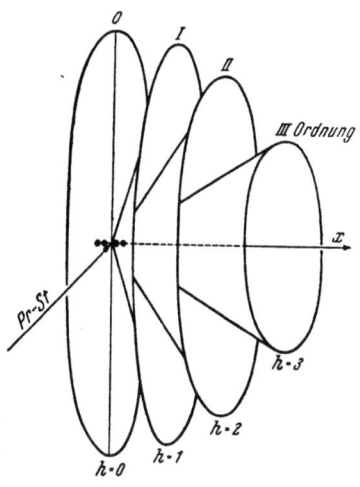

Abb. 13. Die Kegel der Sekundärstrahlen auf der positiven Seite der x-Achse eines Liniengitters bei senkrechter Inzidenz der Primärstrahlen ($\alpha_0 = 90°$). Die Abb. 13 entsteht durch Rotation der Abb. 6 um die Punktreihe als Achse; umgekehrt ist Abb. 6 ein Schnitt der Abb. 13 mit der Ebene durch Primärstrahl und Liniengitter. Der Kegel 0-ter Ordnung ist in eine Ebene, die Äquatorialebene des Punktgitters, ausgeartet. Innerhalb dieser Ebene tritt keine Wegdifferenz auf. Die Wegdifferenzen für die anderen Kegel betragen entsprechend ein, zwei, usw. λ. Die Kegel sind Doppelkegel, deren linke Seite zur Äquatorialebene symmetrisch ist und deshalb hier nicht gezeichnet wurde.

Das eindimensionale Gitter mit Basis. Das bisher betrachtete *einfache* eindimensionale Gitter heißt deshalb einfach, weil seine Periodizität a in der regelmäßigen Wiederholung nur *eines* einzigen Elementes (des Atomkernes) in gleichen Abständen a besteht. Ein Gitter, in dem eine Kombination aus zwei oder mehreren Punkten sich in regelmäßigen Abständen wiederholt, wird *Gitter mit Basis* genannt. In der Abb. 15 ist ein solches Gitter dargestellt. Seine Periodizität (Identitätsabstand) ist $a = 8\,A$, die

26 Das eindimensionale Punktgitter oder Liniengitter.

Basis bilden zwei gleiche Atome im Abstand $\frac{a}{4} = 2$ Å; a ist auch die Gitterkonstante der Elementarzelle. Worin unterscheidet

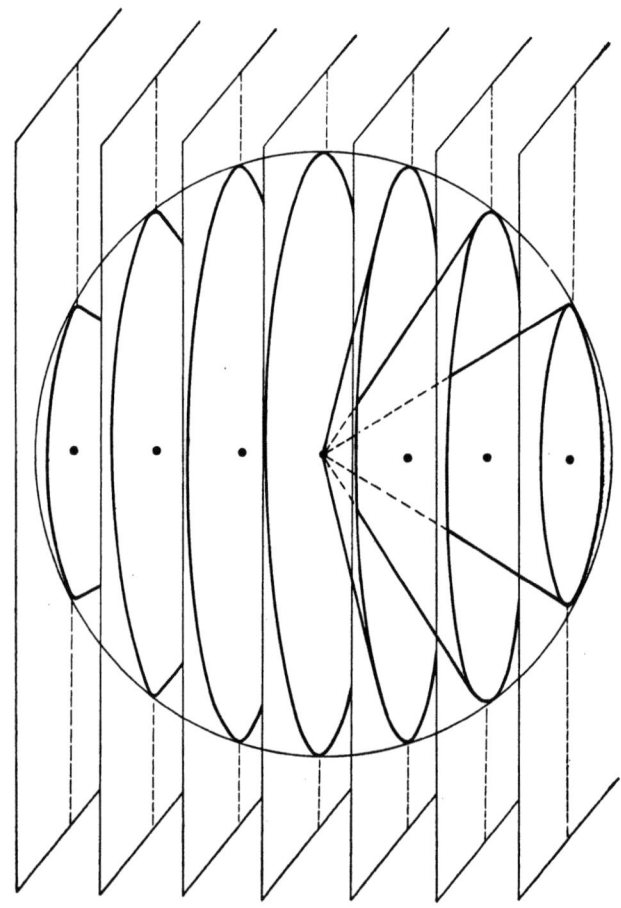

Abb. 14. Die Anwendung der EWALDschen Konstruktion zur räumlichen Darstellung *aller* Sekundärstrahlen eines Liniengitters. Die Schnittkreise der Kugel mit dem Radius $\frac{1}{\lambda}$ und den lotrechten Ebenen durch die Gitterpunkte ergeben mit dem Zentrum der Kugel die Kreiskegelflächen.

sich nun die Streustrahlung eines solchen Gitters von der eines einfachen Gitters gleicher Periodizität? Neue Streurichtungen können jedenfalls nicht hinzukommen, da ja das Gitter mit Basis durch ein Ineinanderstellen zweier einfacher Gitter gleicher Periodizität zustande kommt, von denen jedes für sich keine anderen Streurichtungen zuläßt. Daraus folgt, daß durch das Hinzutreten eines neuen Anteils einer Gitterbasis keine neuen Sekundärstrahlen auftreten können, sondern nur eine Schwächung oder gar Auslöschung von Sekundärstrahlen des einfachen Gitters bewirkt wird.

In dem angeführten Beispiel fallen die Sekundärstrahlen zweiter Ordnung aus. Um das zu zeigen, sind in dem rechten Teil

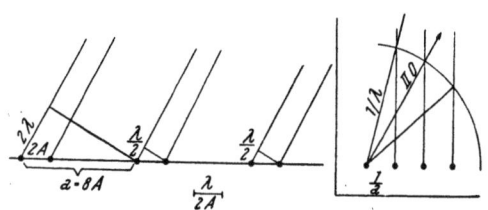

Abb. 15. Ein Liniengitter mit Basis. Die Sekundärstrahlen zweiter Ordnung scheinen möglich zu sein, wie ihre Konstruktion (rechts) zeigt: In dieser Richtung ist die Wegdifferenz der um 8 Å voneinander entfernten Punkte gleich $2\lambda = 4$ Å. Die Sekundärstrahlen kommen aber *nicht* zustande, da die Wegdifferenz von den beiden Basisatomen in dieser Richtung $\frac{\lambda}{2}$ ist. Zwei einfache Gitter sind hier so ineinandergestellt, daß die Sekundärstrahlen zweiter Ordnung der einzelnen Gitter sich gegenseitig auslöschen.

der Abb. 15 mit Hilfe des reziproken Gitters die Sekundärstrahlen für das einfache Gitter $a = 8$ Å bei $\lambda = 2$ Å gezeichnet und die Strahlenrichtung zweiter Ordnung in das Gitter mit Basis übertragen. Und nun erkennt man folgendes: Während für zwei Atome im Abstand 8 Å die Wegdifferenz 4 Å $= 2\lambda$ beträgt, ist sie für die zwei Atome jeder einzelnen Elementarzelle gerade $\frac{\lambda}{2}$. Deshalb heben sich die von den nahbenachbarten Atomen der Basis ausgehenden Wellen gegenseitig auf. Wenn schon die einzelnen Atompaare in dieser Richtung versagen, kann das an sich mögliche Zusammenwirken vieler Atompaare daran nichts mehr ändern. Daher fallen die Sekundärstrahlen zweiter Ordnung bei einem solchen Gitter aus.

Umgekehrt weist das Ausfallen eines Sekundärstrahles zweiter Ordnung darauf hin, daß das untersuchte Gitter nicht einfach sein kann, sondern aus zwei Gitterelementen im Abstand $\frac{1}{4}$

der Periodizität mit der Gitterkonstanten a besteht, also eine Basis hat. In diesem Beispiel sind die Zahlen $\left(\frac{1}{4}\right)$ so gewählt, daß es zu einer Auslöschung kommt; im allgemeinen verursacht die Basis nur eine *Schwächung* einzelner Sekundärstrahlen. Will man also neben der Periodizität oder der Gitterkonstanten eines Gitters auch noch dessen Basis ermitteln, so reicht dazu, wie man sieht, die Bestimmung der *Richtungen* der Sekundärstrahlen allein nicht mehr aus, sondern man muß auch noch die *Intensität* der Sekundärstrahlen mit in Betracht ziehen. In besonders einfachen Fällen kann man aus dem Fehlen einzelner Sekundärstrahlen, die man gemäß der Gitterkonstanten erwartet, auf die Art der Basis schließen. Meist ist die Behandlung des Problems aber erheblich schwieriger, da es einerseits nicht ganz einfach ist, die Intensitätsverhältnisse der Sekundärstrahlen zu bestimmen, und anderseits außer der Basis noch eine Reihe anderer Faktoren die Intensität der Sekundärstrahlen beeinflussen. Nur wenn alle Nebeneinflüsse rechnerisch ausgeschaltet sind, tritt der Einfluß der Basis rein hervor. Man kann dann mit Hilfe der FOURIER-*Analyse* sogar die Verteilung der Elektronen bzw. die Elektronendichte zwischen den Atomkernen bestimmen. Diese Hinweise müssen hier genügen.

II. Das zweidimensionale Punktgitter oder Kreuzgitter.

Das zweidimensionale Punktgitter entsteht aus einem eindimensionalen durch Verschieben einer äquidistanten Punktreihe um gleiche Abschnitte b in einer bestimmten Richtung. In diese Richtung legt man am besten auch die zweite Koordinatenachse (y-Achse). Bilden die Koordinatenachsen einen rechten Winkel, so entsteht ein rechtwinkliges Kreuzgitter; sind außerdem noch die Abstände a und b einander gleich, so entsteht ein quadratisches Kreuzgitter. Die elementare Aufbauzelle des quadratischen Kreuzgitters ist das Quadrat, die des rechtwinkligen — das Rechteck. Ist der Winkel zwischen den Achsen kein rechter Winkel, so ist die Elementarzelle ein Parallelogramm und im Sonderfall $a = b$ — ein Rhombus.

Die Entstehung diskreter Sekundärstrahlen.

Die Entstehung diskreter Sekundärstrahlen. Greift man aus einem Kreuzgitter ein Liniengitter parallel der x-Achse heraus (Abb. 16), so gilt für die Sekundärstrahlen von dieser Punktreihe die Gl. (I, 4)

$$h \cdot \lambda = a \cdot (\cos \alpha - \cos \alpha_0). \qquad (II, 1')$$

Diese Gleichung bestimmt ein System von Kegelmänteln: Die der Gleichung genügenden Werte von α sind die halben Öffnungswinkel der Kegelmäntel. Eine ganz analoge Gleichung gilt für ein Liniengitter parallel der y-Achse:

$$k \cdot \lambda = b \cdot (\cos \beta - \cos \beta_0). \qquad (II, 1'')$$

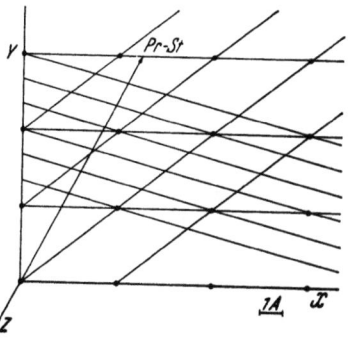

In dieser Gleichung ist β_0 — der Winkel zwischen dem Primärstrahl und der y-Achse, β — der gesuchte Austrittswinkel eines Sekundärstrahles mit der y-Achse, b — die Gitterkonstante in der y-Richtung und k eine positive oder negative ganze Zahl, die Null eingeschlossen.

Abb. 16. Ein Kreuzgitter mit den Gitterkonstanten $a = 4$ Å und $b = 3$ Å. Ein Kreuzgitter kann auf verschiedene Arten in eine Schar von parallelen Liniengittern aufgelöst werden. Die z-Achse, in der die Primärstrahlen auf das Gitter fallen, steht senkrecht zur Zeichenebene ($\alpha_0 = \beta_0 = 90°$).

Diese zweite Ordnungszahl unterscheidet sich im allgemeinen von der ersten Ordnungszahl h und muß deshalb mit einem neuen Buchstaben k bezeichnet werden. Die Gl. (II, 1'') bestimmt ein zweites System von Kegelmänteln, dessen Achse nunmehr mit der y-Richtung zusammenfällt. Die Kegelmäntel der beiden Systeme überschneiden einander. Ein Sekundärstrahl des Kreuzgitters muß gleichzeitig zu einem Kegelmantel des einen als auch des anderen Systems gehören. Deshalb ergeben die Schnittlinien der Kegelmäntel beider Systeme die Gesamtheit der Sekundärstrahlen des Kreuzgitters. Im Gegensatz zu den unendlich vielen Sekundärstrahlen der Liniengitter bilden also die von einem Kreuzgitter ausgehenden Sekundärstrahlen keine Flächen mehr, sondern es entsteht nur eine beschränkte Anzahl im Raum verteilter „diskreter" Sekundärstrahlen. Damit zwei Kegelmäntel, wie in Abb. 17, zum Schnitt kommen, muß die Summe ihrer halben Öffnungswinkel $\alpha + \beta >$ $> 90°$ sein. Da es sich um Doppelkegel handelt, erhält man jeweils acht Sekundärstrahlen, in jedem Oktanten einen. Ist $\alpha + \beta = 90°$, so berühren die Kegelmäntel einander nur und die Berührungsgeraden ergeben vier Sekundärstrahlen, die in der xy-Ebene, also in der Gitterebene selbst, liegen. Ist $\alpha + \beta < 90°$, so führt die Kombination von zwei solchen Kegelmänteln bzw. von Ordnungszahlen $h\,k$, zu keinen Sekundärstrahlen, da die Kegelmäntel einander nicht überschneiden. Mit $\alpha = 90°$ bzw. $h = 0$, erhält man die Sekundärstrahlen in der yz-Ebene und mit $\beta = 90°$ bzw. $k = 0$ — die in der xz-Ebene, wenn z die Richtung der senkrecht zum Kreuzgitter einfallenden Primärstrahlen ist.

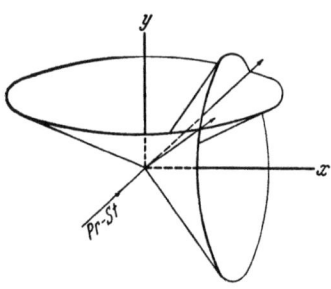

Abb. 17. Die Entstehung diskreter Sekundärstrahlen von einem Kreuzgitter. Das Kreuzgitter fällt mit der Zeichenebene zusammen (hier nicht gezeichnet). Der eine Kegelmantel gehört zu dem Liniengitter in der x-Achse, der andere zu dem Liniengitter in der y-Achse. Ihre Schnittlinien sind die gesuchten Sekundärstrahlen. (Nach F. REGLER, Röntgenphysik.)

Alle diese Ergebnisse können auch analytisch aus dem Gleichungssystem (II, 1) abgeleitet werden. Die Gleichungen enthalten zwei notwendige Bedingungen für die Auswahl der Sekundärstrahlen und bestimmen zusammen jeweils ein Winkelpaar α und β. Das ist auch hinreichend, da der dritte Richtungswinkel des Sekundärstrahles mit der z-Achse sich aus der bekannten Beziehung zwischen den drei Richtungswinkeln im rechtwinkligen Koordinatensystem ergibt:

$$\cos^2 \alpha + \cos^2 \beta + \cos^2 \gamma = 1. \qquad (II, 2)$$

Wir beschränken uns auf den in der Abb. 18 wiedergegebenen Fall senkrechter Inzidenz der Primärstrahlen in Richtung der z-Achse ($\alpha_0 = \beta_0 = 90°$; $\gamma_0 = 0°$). Dann ist die Verteilung der Sekundärstrahlen aus Symmetriegründen in allen durch das Kreuzgitter, die xz-Ebene und die yz-Ebene voneinander abgegrenzten Oktanten die gleiche, so daß man immer nur einen Oktanten näher zu behandeln braucht.

Die Sekundärstrahlen in der xz-Ebene erhält man aus den Gleichungen mit dem Ansatz $k = 0$, da dann aus der zweiten Gl. (II, 1'') $\beta = 90°$ folgt. Zur Veranschaulichung der Strahlen-

Die Einführung des Ablenkungswinkels.

verteilung können die Abb. 6 und 10 dienen. Der Abb. 18 kann man außerdem noch entnehmen, daß in diesem Fall α und γ komplementär werden; auch die Gl. (II, 2) ergibt für $\beta = 90°$ die Beziehung $\cos \alpha = \sqrt{1 - \cos^2 \gamma} = \sin \gamma$. Für $h = 0$ erhält man die Verteilung der Sekundärstrahlen in der yz-Ebene ($\alpha = 90°$) und in ihr werden die Winkel β und γ komplementär. Ergibt ein Wertepaar hk aber zwei Winkel α und β, deren Summe kleiner als $90°$ ist ($\alpha + \beta < 90°$), so werden $\cos \alpha$ und $\cos \beta$ so groß, daß die Summe ihrer Quadrate größer als 1 wird, was nach der Gl. (II, 2) nicht möglich ist. Das ist der formale Grund dafür, daß Kombinationen mit größeren Ordnungszahlen hk ausfallen müssen und meist nur Sekundärstrahlen mit kleinen Ordnungszahlen vorkommen. In den Ebenen xz und yz wird der größte Wert, bis zu dem sich noch Sekundärstrahlen ergeben, wie bei einem Liniengitter durch die Forderung, $h\dfrac{\lambda}{a}$ bzw. $k\dfrac{\lambda}{b}$ kleiner als 1, bestimmt.

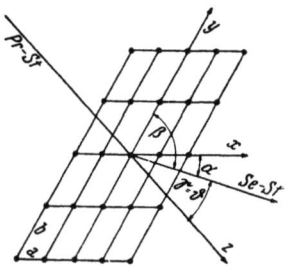

Abb. 18. Das Kreuzgitter bei senkrechter Inzidenz ($\alpha_0 = \beta_0 = 90°$; $\gamma_0 = 0°$). Der Sekundärstrahl bildet mit den Koordinatenachsen x, y und z die Winkel α, β und γ. Die Winkel α und β werden bestimmt durch die Beziehungen $h \cdot \lambda = a \cdot \cos \alpha$ und $k \cdot \lambda = b \cdot \cos \beta$. Den dritten Winkel γ bestimmt die Gleichung $\cos^2 \alpha + \cos^2 \beta + \cos^2 \gamma = 1$. Da die Richtung der Primärstrahlen mit der z-Achse übereinstimmt, ist der Winkel γ zwischen Sekundärstrahl und z-Achse gleichzeitig auch der Ablenkungswinkel ϑ.

Die Einführung des Ablenkungswinkels. Der Ablenkungswinkel ϑ zwischen einem Sekundärstrahl und dem Primärstrahl ist der direkten Beobachtung leichter zugänglich als die Austrittswinkel α und β. Außerdem ist der Ablenkungswinkel in einer anderen, und zwar ganz besonders aufschlußreichen Weise mit den Ordnungszahlen hk verknüpft. Deshalb gehen wir auf diese Beziehungen und die Anwendung der Ablenkungswinkel etwas näher ein. Aus der Abb. 18 ist unmittelbar zu ersehen, daß ϑ und γ, wenn die Primärstrahlen mit der z-Achse zusammenfallen, auch zusammenfallen. Wir erhalten daher von den Gl. (II, 1 und 2) ausgehend für den Ablenkungswinkel ϑ folgenden Ausdruck:

$$\sin^2 \vartheta = 1 - \cos^2 \gamma = \cos^2 \alpha + \cos^2 \beta = \lambda^2 \cdot \left(\frac{h^2}{a^2} + \frac{k^2}{b^2} \right)$$

$$\sin \vartheta = \lambda \cdot \sqrt{\frac{h^2}{a^2} + \frac{k^2}{b^2}}. \tag{II, 3}$$

Das zweidimensionale Punktgitter oder Kreuzgitter.

Um für diese Formel eine geometrische Interpretation zu erhalten, stellt man sich das ganze Kreuzgitter in parallele Punktreihen oder Liniengitter unterteilt vor. Als Teile des Gitternetzes sollen diese Punktreihen hier „Netz*gerade*" genannt werden in Analogie mit den Netz*ebenen* der Raumgitter (vgl. S. 51). Ein Kreuzgitter kann auf die mannigfaltigste Art in eine Schar von Netzgeraden zerlegt werden (Abb. 16). In jedem einzelnen Fall werden von den Netzgeraden einer solchen Schar immer alle Punkte oder Atome des Kreuzgitters erfaßt. Da die Richtung aller Netzgeraden einer Schar die gleiche ist, genügt zur Kennzeichnung einer solchen Schar die Angabe einer ihrer Netzgeraden.

Wir greifen zunächst den Sonderfall $k = 0$ und daher $\beta = 90°$ heraus und fragen also nach den Sekundärstrahlen in der xz-Ebene. In diesem Falle hat man sich das Kreuzgitter als eine Schar von Netzgeraden parallel zur y-Achse zu denken, denn dann ist die xz-Ebene die gemeinsame Äquatorialebene aller dieser Liniengitter (Abb. 13). In ihr liegen somit alle in Kreisflächen ausgeartete Streukegel der Netzgeraden, die als Streukegel nullter Ordnung bezeichnet werden. Da die Wegdifferenz Null ist, entstehen die in dieser Ebene liegenden Sekundärstrahlen ganz unabhängig von der Größe der Gitterkonstanten des y-Liniengitters. Wir dürfen uns also vorstellen, daß die Netzgeraden parallel der y-Achse auch dicht mit Gitterpunkten besetzt sein könnten. Eine Schar solcher einander in gleichen Abständen folgender Netzgeraden ist aber in ihrer Wirkung einem optischen Strichgitter äquivalent, das senkrecht zu seiner Ebene mit sichtbarem Licht beleuchtet wird. Für die Strahlen n-ter Ordnung eines solchen Strichgitters gilt die aus der Optik der Beugungserscheinungen wohlbekannte Formel

$$n \lambda = d \sin \vartheta, \qquad (II, 4)$$

in der n die Ordnung der abgebeugten Strahlen und d die Gitterkonstante bedeutet, die bei sehr schmalen Spalten ihrem Abstand gleichgesetzt werden kann. In der Tat geht auch die oben erhaltene Formel (II, 3) für $k = 0$ in die Formel $h \lambda = a \sin \vartheta$ über, woraus sich die Berechtigung dieser Analogiebetrachtungen ergibt. Sie ist auch keineswegs auf diesen herausgegriffenen Sonderfall beschränkt, sondern gilt für alle (theoretisch unendlich vielen) Netzgeradenscharen, die man in ein Kreuzgitter hineinzeichnen kann.

Für die Netzgerade durch die Gitterpunkte $0\,b$ und $a\,0$ zum Beispiel, ist der Abstand der Parallelen der Schar

$$d = \frac{1}{\sqrt{\frac{1}{a^2} + \frac{1}{b^2}}}. \qquad (II, 5)$$

Man erkennt das, wenn man den Flächeninhalt des von der Netzgeraden und ihren Achsenabschnitten a und b gebildeten Dreiecks einmal als Halbprodukt der Katheten, das andere Mal als Halbprodukt der Hypotenuse mit deren Abstand vom Ursprung berechnet:

$$\frac{1}{2} a \cdot b = \frac{1}{2} d \cdot \sqrt{a^2 + b^2}.$$

Setzt man den Ausdruck (II, 5) für d in die Strichgitterformel (II, 4) ein, so erhält man für den Sekundärstrahl erster Ordnung [1 1] denselben Ausdruck, den die Ausgangsformel (II, 3) für $h = k = 1$ liefert.

Aufgabe 16. Auf ein quadratisches Kreuzgitter mit $a = b = 8{,}4$ Å fällt eine Strahlung von der Wellenlänge $\lambda = 1{,}5$ Å. Gesucht wird der Ablenkungswinkel des Sekundärstrahles erster Ordnung, welcher der Netzgeraden durch die Gitterpunkte $1a\,0$ und $0\,1b$ zugeordnet ist.

Antwort. Der Abstand benachbarter Netzgeraden dieser Schar ist nach (II, 5) $d = a : \sqrt{2} = 8{,}4 : 1{,}4 = 6$ Å und $\sin \vartheta = 1{,}5 : 6 = 0{,}25$. Daher wird $\vartheta = 14{,}5°$.

Um nun die Zuordnung der Sekundärstrahlen zu bestimmten Netzgeraden bzw. Netzgeradenscharen so durchführen zu können, daß die Ordnungszahlen der Sekundärstrahlen aus den Gl. (II, 1) mit den Kennzahlen der Netzgeraden übereinstimmen, muß man sie analog zu der Art bezeichnen, die MILLER bei den Raumgittern für die Indizierung der Netzebenen eingeführt hat. Da es aber im allgemeinen üblich ist, eine Gerade durch ihre Achsenabschnitte zu kennzeichnen, wollen auch wir zuerst von der Angabe der Achsenabschnitte ausgehen. Wir wählen daher unter den Netzgeraden einer Schar eine aus, die durch zwei *auf den Achsen* liegende Gitterpunkte geht. Ist nun der Gitterpunkt auf der x-Achse der u-te und der Gitterpunkt auf der y-Achse der v-te, so sind die Achsenabschnitte der Netzgeraden ua und vb. Es ist zweckmäßig, eine solche Netzgerade zu wählen, deren Kennzahlen u und v teilerfremd sind. In der Abb. 19 entspricht die Netzgerade mit den Achsenabschnitten $ua = 3a$ und $vb = 2b$ diesen Bedingungen. Diese Netzgerade ist, vom Ursprung aus gerechnet, die sechste oder allgemein die uv-te, denn die Anzahl der Netzgeraden vom Ursprung bis zu ihr, sie selbst mitgerechnet, muß das kleinste Vielfache von u und v, also $uv = 2.3 = 6$ sein:

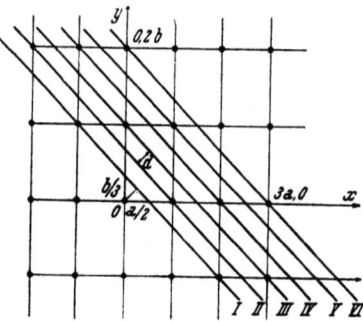

Abb. 19. Netzgeradenschar (2 3) in einem Kreuzgitter. Die Achsenabschnitte der Netzgeraden VI sind $3a$ auf der x-Achse und $2b$ auf der y-Achse. Die Achsenabschnitte der ursprungnächsten Netzgeraden I sind $\frac{a}{2}$ und $\frac{b}{3}$ oder in den entsprechenden Gitterkonstanten a und b gemessen $\frac{1}{2}$ und $\frac{1}{3}$. Nach MILLER gibt man als Kennzeichen dieser Netzgeraden die Reziprokwerte 2 und 3 an wie in der Überschrift.

Alle u-Abschnitte auf der x-Achse müssen in gleicher Weise (hier in zwei Teile) unterteilt sein; die v-Abschnitte auf der y-Achse müssen ebenfalls in gleicher Weise (hier in drei Teile) unterteilt sein. Deshalb muß die Anzahl der Netzgeraden in unserem Beispiel sowohl durch 3 als auch durch 2 teilbar und somit $uv = 3.2$ sein.

Der Abstand benachbarter Netzgeraden einer beliebigen Schar. Wie wir sahen, erhält man den Netzgeradenabstand d am besten, indem man den Abstand der ursprungnächsten Netzgeraden vom Ursprung bestimmt. Dazu muß man entweder den Abstand der Netzgeraden (uv) vom Ursprung durch das Produkt $u \cdot v$ teilen oder die Achsenabschnitte der ursprungnächsten Netzgeraden berechnen. Diese sind: $\frac{ua}{uv} = \frac{a}{v} = \frac{a}{2}$ und $\frac{vb}{uv} = \frac{b}{u} = \frac{b}{3}$ (siehe Abb. 19). So erhalten wir für d in gleicher Weise wie in dem angeführten Sonderfall ($u = v = 1$) jetzt den allgemeinen Ausdruck

$$d = \frac{1}{\sqrt{\dfrac{v^2}{a^2} + \dfrac{u^2}{b^2}}}. \qquad (\text{II, 6})$$

Aufgabe 17. Bestimme den Abstand der Netzgeraden einer Schar, zu der die Netzgerade gehört, welche durch die Gitterpunkte $8a\,0$ und $0\,6b$ geht, wenn $a = 4$ Å und $b = 1{,}5$ Å.

Antwort. Wir gehen von der gegebenen Netzgeraden zu derjenigen über, deren Kennzahlen teilerfremd sind, also $4a$ und $3b$ betragen. Dann ergibt die obige Formel für d den folgenden Wert:

$$d = \frac{1}{\sqrt{\left(\frac{3}{4}\right)^2 + \left(\frac{4}{1,5}\right)^2}} = 0,36 \text{ Å}.$$

Diese Netzgeradenschar ist also einem Strichgitter mit der Gitterkonstanten 0,36 Å äquivalent.

Die Formel (II, 6) versagt aber für die beiden Netzgeradenscharen parallel zu den Koordinatenachsen, da einer ihrer Achsenabschnitte unendlich wird (u oder $v = \infty$). Allerdings ist es in diesen beiden Fällen auch ohne Formel klar, daß d in einem Fall gleich a und in dem anderen Fall gleich b ist. Außer dem Versagen der angeführten Berechnungsweise von d, wenn u und v unendlich werden, ist die Formel (II, 6) noch in einer anderen Hinsicht für die weitere Anwendung ungeeignet. Die Zahl u, welche die Größe des Achsenabschnittes auf der x-Achse bestimmt, ist mit b, der Gitterkonstanten in der y-Richtung, verbunden, und umgekehrt ist v mit a kombiniert. Diese Vertauschung hat sich als unzweckmäßig erwiesen und würde beim Raumgitter zu ganz unübersichtlichen Ausdrücken führen. Daher ist eine andere Art der Indizierung von Netzgeraden notwendig, bei der die unbequeme Vertauschung der Indizes vermieden wird.

Die Indizierung der Netzgeraden nach MILLER. Die Achsenabschnitte der Netzgeraden werden *erstens* in verschiedenen Längeneinheiten gemessen: Auf der x-Achse gilt a als Längeneinheit und auf der y-Achse die Gitterkonstante b. An Stelle von $ua = 3a$ und $vb = 2b$ beim vorhergehenden Beispiel (Abb. 19) können wir dann die Achsenabschnitte einfach mit 3 bzw. 2 angeben. Es ist vorteilhaft, dabei an „Schritte" zu denken, die man auf den Achsen zurücklegen muß, um die gewünschten Achsenabschnitte zu erhalten. Nur sind diese Schritte auf jeder Achse von anderer Länge zu nehmen. Wichtig ist, daß auch Bruchteile von Schritten vorkommen können. *Zweitens* gehen wir wieder zu der ursprungsnächsten Netzgeraden der Schar über, indem wir die Achsenabschnitte 3 und 2 durch 6 teilen. Die Achsenabschnitte der ursprungsnächsten Netzgeraden dieser Schar sind also $\frac{1}{2}$ auf der x-Achse und $\frac{1}{3}$

auf der y-Achse. *Drittens* werden nun als Kennzahlen der Netzgeradenschar die Reziprokwerte dieser Bruchzahlen, also hier 2 und 3 angenommen. Damit kommen wir für die Indizierung wieder zu ganzen Zahlen, die wir mit h_m und k_m[1] bezeichnen. In allgemeiner Form kann man diese Übergänge durch die Formeln: $h_m = \dfrac{1}{\frac{u}{uv}} = \dfrac{uv}{u} = v$ und $k_m = \dfrac{1}{\frac{v}{uv}} = \dfrac{uv}{v} = u$ zusammenfassen. Die neuen Indizes der Netzgeradenscharen sind also die Reziprokwerte der Achsenabschnitte der ursprungnächsten Netzgeraden, wenn die jeweiligen Gitterkonstanten als Längeneinheiten angenommen werden.

Bei der Einführung der Indizes h_m und k_m werden die Ziffern, wie man sieht, vertauscht: Als Schrittzahlen hatte man für $u\,v$ ursprünglich 3 2 zu schreiben, die Reihenfolge der neuen Indizes ist 2 3. Wir setzen nun diese Indizes in den Ausdruck (II, 6) für d ein und erhalten:

$$d = \dfrac{1}{\sqrt{\dfrac{h_m^2}{a^2} + \dfrac{k_m^2}{b^2}}}. \qquad (II, 7)$$

In dieser Formel ist wieder — den Grundgleichungen entsprechend — a mit h_m und b mit k_m verknüpft. Diese Formel behält ihre Geltung auch für die Netzgeradenschar parallel der x-Achse: Mit $h_m = 0$ und $k_m = 1$ erhält man unmittelbar den Netzabstand dieser Schar $d = b$. Schließlich entspricht der für d erhaltene Ausdruck dem letzten Faktor in der Formel (II, 3) für $\sin \delta$ bis auf den Unterschied, daß h_m und k_m teilerfremd sind, während für $h\,k$ diese Beschränkung nicht gilt. Man muß also noch die Indizierung der Netzebenenscharen $h_m\,k_m$ mit der Indizierung der Sekundärstrahlen durch die Ordnungszahlen $h\,k$ in den Grundgleichungen miteinander in Einklang bringen.

Die Indizierung der Sekundärstrahlen. Die Anzahl der als „Strichgitter" für die Erzeugung von Sekundärstrahlen in Frage kommenden Netzgeradenscharen sowie auch die Anzahl der Sekundärstrahlen selbst, ist aus schon angeführten Gründen beschränkt. Da aber eine jede Netzgeradenschar wie ein optisches Strichgitter Sekundärstrahlen verschiedener Ordnung erzeugen kann, ist die Anzahl der möglichen Sekundärstrahlen im all-

---
[1] Das m bezieht sich auf den Namen MILLER.

gemeinen größer als die Zahl der Netzgeradenscharen, zu denen sie gehören. Die Zuordnung erfolgt durch die Ordnungszahl n der zu einer Netzgeradenschar gehörenden, d. h. also in einer Ebene liegenden Verstärkungsrichtungen bzw. Sekundärstrahlen. Aus den Formeln (II, 3) und (II, 7) folgt:

$$\sin \vartheta = \frac{n\lambda}{d} = n\lambda \cdot \sqrt{\frac{h_m^2}{a^2} + \frac{k_m^2}{b^2}} = \lambda \cdot \sqrt{\frac{h^2}{a^2} + \frac{k^2}{b^2}}. \quad \text{(II, 8)}$$

Die Ordnungszahlen $h\,k$ der Grundgleichungen (II, 1), auch LAUE-Indizes genannt, werden, wie man sieht, durch Multiplikation der MILLER-Indizes $h_m\,k_m$ mit der Ordnungszahl n erhalten:

$$h = n \cdot h_m \quad \text{und} \quad k = n \cdot k_m. \quad \text{(II, 9)}$$

Daraus ergeben sich für die Indizierung der Sekundärstrahlen zwei Möglichkeiten: Entweder verwendet man die LAUE-Indizes $h\,k$ oder die MILLER-Indizes $h_m\,k_m$ mit gleichzeitiger Angabe der Ordnungszahl n. Solange die Indexpaare teilerfremd bleiben, sind beide Indizierungen ganz gleich. In einem solchen Fall stimmt auch die Zahl der Sekundärstrahlen mit der Zahl der mitwirkenden Netzgeradenscharen überein.

Aufgabe 18. Die Gitterkonstanten eines rechtwinkligen Kreuzgitters sind: $a = 4$ Å und $b = 3$ Å. Die Strahlen ($\lambda = 1$ Å) fallen senkrecht auf das Kreuzgitter. Es ist die Verteilung der Schwärzungspunkte auf einer senkrecht zu den Primärstrahlen orientierten Platte zu berechnen (Tab. 4, S. 38).

Antwort. Wir nehmen an, daß die Platte im Abstande einer Längeneinheit parallel zum Kreuzgitter aufgestellt ist. Dann liefern die Werte von tang ϑ unmittelbar die gesuchten Abstände der Schwärzungspunkte vom Auftreffpunkt des Primärstrahles.

Die Schwärzungspunkte der Sekundärstrahlen [1 0], [2 0] und [3 0] in der xz-Ebene liegen, wenn man die Achsen der Platte und des Kreuzgitters übereinstimmend wählt, auf der x-Achse; daher können die Abstände (tang ϑ) dieser Punkte ohne weiteres in die Abb. 20 eingetragen werden. Ebenso leicht erhält man die auf der y-Achse liegenden Punkte 0 1 und 0 2. Für die übrigen Punkte (1 1 bis 3 1) aber müssen zu den in der Tabelle angeführten Abständen noch deren Richtungen ermittelt werden. Zu diesem Zweck ist auf dieser Abbildung auch noch die Verteilung der Gitterpunkte des Kreuzgitters mit kleinen Kreisen angedeutet.

Daraufhin kann man die erforderlichen Netzgeraden eintragen: um zum Beispiel die Netzgeradenschar (3 1) anzugeben, müßte man die Achsenabschnitte $\frac{1}{3a}$ und $1\,b$ anmerken und durch die erhaltenen Punkte auf den Achsen eine Gerade ziehen; in der Abb. 20 ist statt dessen die Gerade durch die Punkte $a\,0$ und $0\,3b$ gezeichnet, wodurch man eine größere Genauigkeit erreicht. Die Ebenen, in denen die Sekundärstrahlen liegen, stehen senkrecht zu den erhaltenen Netzgeraden. Sie schneiden die Platte daher in Geraden, die ebenfalls zu den Netzgeraden senkrecht liegen. Man hat also nur noch vom Schwärzungspunkt der Primärstrahlen aus auf die Netzgeraden Senkrechte zu fällen und auf diesen die entsprechenden Abstände der Tab. 4 abzutragen. Dabei liegen dann die Schwärzungspunkte 1 1 und 2 2 auf derselben Senkrechten:

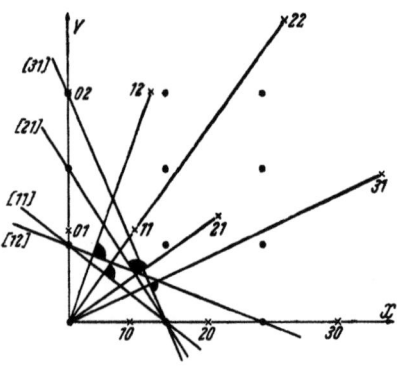

Abb. 20. Die Verteilung der Schwärzungspunkte in einem Quadranten für ein Kreuzgitter $a = 4\,\text{Å}$; $b = 3\,\text{Å}$ bei $\lambda = 1\,\text{Å}$. Die Gitterpunkte sind mit Punkten und die Schwärzungspunkte mit Kreuzen bezeichnet. Die Ebenen, in denen die Sekundärstrahlen liegen, schneiden die Zeichenebene in Geraden durch die Schwärzungspunkte. Diese Schnittgeraden stehen senkrecht auf den Netzgeraden; die Schnittgerade durch den Schwärzungspunkt 3 1 z. B. bildet mit der Netzgeraden [3 1] einen rechten Winkel.

Tabelle 4.

Indizierung nach LAUE	$\sin\vartheta = \sqrt{\frac{h^2}{a^2} + \frac{k^2}{b^2}}$	ϑ	$\tang\vartheta$
1 0	0,250	14,5	0,258
2 0	0,500	30,0	0,577
3 0	0,750	48,6	1,134
0 1	0,333	19,5	0,354
0 2	0,666	41,8	0,893
1 1	0,416	24,6	0,458
1 2	0,712	45,4	0,986
2 1	0,601	36,9	0,752
2 2	0,833	56,4	1,506
3 1	0,821	55,2	1,438

Es handelt sich beim Sekundärstrahl [2 2] um einen Sekundärstrahl zweiter Ordnung ($n = 2$) der Netzgeradenschar (1 1). Man überzeuge sich selbst (durch Einsetzen anderer Indexpaare in die Formel), daß keine weiteren Schwärzungspunkte mehr möglich sind[1].

Aufgabe 19. Auf der Abb. 21a ist ein rhombisches Kreuzgitter mit der Gitterkonstanten $a = 0{,}09$ mm in hundertfacher Vergrößerung gezeichnet. Die Wellenlänge des auf das Gitter senkrecht auftreffenden Lichtes ist $\lambda = 0{,}00036$ mm und der

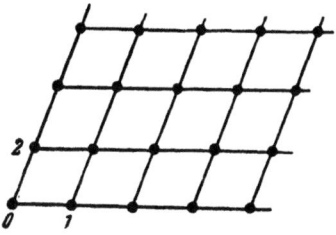

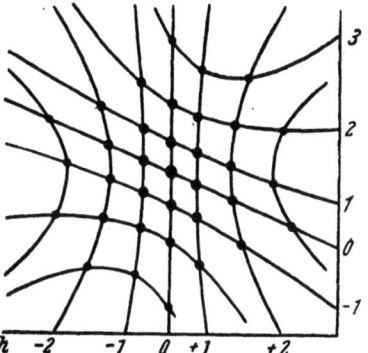

Abb. 21a. Rhombisches Kreuzgitter. (Aus EWALD, Kristalle und Röntgenstrahlen.)

Abb. 21b. Zugehörige Verteilung der Schwärzungspunkte auf einer Platte parallel zum Gitter bei senkrechter Inzidenz. (Aus EWALD, Kristalle und Röntgenstrahlen.)

Abstand der Auffangplatte von dem Gitter beträgt 100 mm. Bestimme die Verteilung der Schwärzungspunkte auf der Platte.

Antwort. Für den Schwärzungspunkt 1 0 erhält man $\sin \vartheta =$
$= \dfrac{\lambda}{a} \cdot 1 = \dfrac{0{,}00036}{0{,}09} = 0{,}04$. Da der Winkel sehr klein ist
($2°\,18'$), darf man auch $\tang \vartheta = 0{,}04$ annehmen und erhält für den Abstand dieses Schwärzungspunktes vom Zentrum des Diagramms den Wert 100 mm $\cdot \tang \vartheta = 4$ mm. Die Verteilung

---

[1] Man findet in diesem Zusammenhang vielfach Beugungsbilder sichtbaren Lichtes von Kreuzgittern zur Illustration angeführt. Diese Beugungsbilder enthalten meist eine große Anzahl von Schwärzungspunkten, die fast ebenso regelmäßig angeordnet sind wie die Punkte eines Kreuzgitters. Es handelt sich dabei um Aufnahmen, bei denen die Wellenlänge des Lichtes sehr viel kleiner ist als die Gitterkonstante und um kleine Ablenkungswinkel. Das hier gebrachte Beispiel kommt den Verhältnissen bei der Verwendung von Röntgenstrahlen bedeutend näher.

aller Schwärzungspunkte auf dem Diagramm ist auf der Abb. 21 b enthalten.

Bevor wir nun zu einem Beispiel übergehen, bei dem das Diagramm der Schwärzungspunkte gegeben ist und die Gitterkonstanten gesucht werden, wollen wir die Hauptpunkte der Indizierung nochmals kurz formulieren.

Einem jeden Sekundärstrahl kann eine Netzgeradenschar des Kreuzgitters zugeordnet werden, aber eine jede Netzgeradenschar kann Sekundärstrahlen verschiedener Ordnung erzeugen.

Ein Indexpaar nach MILLER $h_m k_m$ kennzeichnet gleichzeitig eine Netzgeradenschar, die Achsenabschnitte der ursprungnächsten Netzgeraden dieser Schar durch ihre Kehrwerte ($a \cdot \dfrac{1}{h_m}$ und $b \cdot \dfrac{1}{k_m}$) und auch den Abstand benachbarter Netzgeraden der Schar d (II, 7). Einen Sekundärstrahl bestimmen h_m, k_m nur dann, wenn seine Ordnung n bekannt ist.

Ein Indexpaar $h k$ nach LAUE kennzeichnet gleichzeitig einen ganz bestimmten Sekundärstrahl und dessen Ordnung durch den gemeinsamen Teiler von h und k; auch die Ordnungszahlen der Grundgleichungen (II, 1) sind für diesen Sekundärstrahl die gleichen; man kann ihnen auch die Richtung der koordinierten Netzgeradenschar mit Hilfe der Kehrwerte $\dfrac{1}{h}$ und $\dfrac{1}{k}$ entnehmen, aber man kann nicht unmittelbar den Abstand benachbarter Netzgeraden dieser Schar angeben.

Die Indizierung der Sekundärstrahlen eines unbekannten Kreuzgitters. Wenn alle Schwärzungspunkte — von den niedrigsten Indexpaaren an — vorhanden sind, ist die Indizierung leicht. Leider trifft diese Voraussetzung in der Praxis nicht zu: Einzelne Sekundärstrahlen können ausfallen, andere so schwach sein, daß ihre Schwärzungspunkte auf der Platte nicht mehr zu erkennen sind, und die am wenigsten abgelenkten Strahlen — d. h. die Strahlen mit den kleinsten Indexzahlen — werden oft durch den viel stärkeren Primärstrahl überdeckt. Es soll deswegen an einem Beispiel gezeigt werden, wie man die Schwärzungspunkte eines unbekannten Kreuzgitters indiziert, wenn man kein vollständiges Diagramm, sondern nur einige wenige Schwärzungspunkte erhalten hat.

Sekundärstrahlen eines unbekannten Kreuzgitters. 41

Aufgabe 20. Von einem quadratischen Kreuzgitter sind auf einer von ihm 40 mm entfernten Platte vier Schwärzungspunkte erhalten worden. Die Abstände der Schwärzungspunkte vom Mittelpunkt des Bildes sind in Millimetern in der ersten Kolonne der Tab. 5 eingetragen. Die Schwärzungspunkte sollen indiziert und die Gitterkonstante berechnet werden.

Antwort. Man berechnet zuerst mit Hilfe der Formel $\operatorname{tang} \vartheta = \dfrac{\text{Punktabstand}}{\text{Plattenabstand}}$ den Ablenkungswinkel und dessen sin und erhält so Tab. 5.

Tabelle 5.

Punktabstand in mm	tang ϑ	ϑ	sin ϑ
7,2	0,180	10,2	0,177
11,6	0,290	16,2	0,279
15,1	0,378	20,7	0,354
20,3	0,507	26,9	0,452

Darnach wenden wir die Formel (II, 8) auf den vorliegenden Sonderfall an, indem wir ihr folgende einfachere Form geben:

$$\sin^2 \vartheta = \frac{\lambda^2}{a^2} \cdot (h^2 + k^2). \qquad (II, 10)$$

Die erste Spalte der Tab. 6 enthält die Werte von $\sin^2 \vartheta$; zu jedem von ihnen muß nun das entsprechende Wertepaar gefunden werden.

Tabelle 6.

sin² ϑ	$\dfrac{\sin^2 \vartheta}{\text{gem. Teiler}}$	$h^2 + k^2$	$h\ k$	$\dfrac{\sin^2 \vartheta}{h^2 + k^2} = \left(\dfrac{\lambda}{a}\right)^2$
0,031	1,94	2	1 1	0,0155
0,078	4,87	5	1 2	156
0,125	7,8	8	2 2	156
0,204	12,8	13	2 3	158
				Mittel 0,0156

Da in der Gleichung aber außer h und k auch noch a unbekannt ist, scheint es im ersten Augenblick unmöglich, das jedem Ablenkungswinkel eindeutig zugeordnete Wertepaar $h\ k$ zu finden. Trotzdem kann man es, wenn man berücksichtigt, daß wegen der Ganzzahligkeit der Indizes auch die Summe $h^2 + l^2$ ganzzahlig sein muß und außerdem nur ganz bestimmte Zahlenwerte annehmen kann, wie Tab. 7 zeigt.

Tabelle 7.

Indizes hk	0 1	1 1	1 2	2 2	2 3	1 4	3 4 ...
Summe der Quadrate	1	2	5	8	13	17	25

Aus der Ganzzahligkeit des Klammerfaktors $(h^2 + k^2)$ folgt nämlich, daß die sin^2-Werte der Tab. 6 einen gemeinsamen Teiler haben müssen, den es zu finden gilt. Wir versuchen es zuerst mit dem gemeinsamen Teiler der ersten beiden Werte 0,031 und 0,078 und teilen durch ihn (angenähert 0,016) alle Werte der ersten Spalte der Tab. 6. Die erhaltenen Quotienten (Kolonne 2) sind wegen der unvermeidlichen Versuchsfehler nur annähernd ganze Zahlen, man kann aber trotzdem für jeden Schwärzungspunkt den ganzzahligen Wert von $(h^2 + k^2)$, der zu ihnen gehört, (Kolonne 3) eindeutig erkennen und dann der Tab. 7 das zutreffende Indexpaar hk entnehmen (Kolonne 4). Gelingt das nicht gleich bei *allen* Punkten, so hat man den richtigen gemeinsamen Teiler noch nicht gefunden. Sein Aufsuchen wird erleichtert, wenn man die stets vorhandenen Eigentümlichkeiten gewisser Zahlen*gruppen* der Kolonne 1 (sin^2-Werte) gefunden hat. In der angeführten Aufgabe muß es zum Beispiel auffallen, daß der Wert 0,125 annähernd viermal größer ist als 0,031. Daraus kann man schließen, daß diese beiden Schwärzungspunkte zu derselben Netzgeraden gehören und ihre Indizes nur hk und $2h\,2k$ lauten können. Mitunter kann das Auffinden des gemeinsamen Teilers auch dadurch erleichtert werden, daß man die Differenzen der sin^2-Werte bildet; hier sind zum Beispiel die zwei ersten Differenzen 0,047. Diese Zahl muß ebenfalls mit 0,031 einen gemeinsamen Teiler haben, was hier zu demselben Schätzungswert 0,016 führt.

Sind dann alle Wertepaare von hk gefunden, so berechnet man die Werte von $\left(\dfrac{\lambda}{a}\right)^2$, aus deren Übereinstimmung man auf die Genauigkeit der ausgeführten Untersuchung schließen kann. Zur Berechnung von a wählt man, je nach den Umständen, entweder den Mittelwert oder das $\left(\dfrac{\lambda}{a}\right)^2$ des größten Ablenkungswinkels, da bei diesem die Meßfehler am wenigsten ins Gewicht fallen. Mit $\lambda = 2$ Å erhält man dann $a^2 = \dfrac{4 \cdot 13}{0{,}204} = 255$ und $a = 16$ Å.

Anwendungsbeispiele. Die bisherigen Aufgaben sind zur Erläuterung der Formeln und Rechnungsverfahren erdacht. Wenn es auch in Wirklichkeit keine aus Atomen aufgebauten Kreuzgitter gibt, so gelingt es doch, von einigen Kristallen (Cristobalit) so dünne Schichten abzuspalten, daß sie einem Kreuzgitter ganz

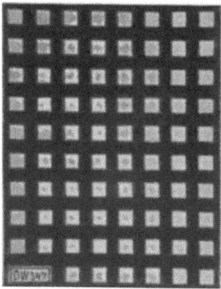

Abb. 22a. Quadratisches Gitter in 20facher Vergrößerung. (Aus KULENKAMPFF, Carl-Zeiss-Stiftung 1939.)

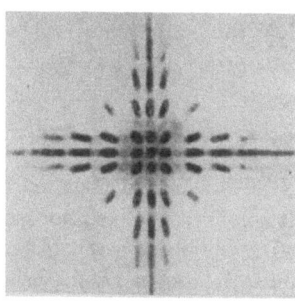

Abb. 22b. Beugungsbild des Gitters. (Aus KULENKAMPFF, Carl-Zeiss-Stiftung 1939.)

ähnlich wirken, obgleich es ja doch schon Raumgitter sind. Die in der Optik sichtbaren Lichtes verwendeten künstlichen Kreuzgitter oder Raster sind dagegen ausgesprochene Flächengitter und ihre lichtdurchlässigen Zwischenräume oder Maschen entsprechen mehr oder weniger streuenden Atomen: Die durch sie hindurchtretenden vereinzelten Teile der auf das Gitter auffallenden Wellenfront bilden etwas verzerrte Kugelwellen, wie man sie sich von den Atomen ausgehend vorstellt. Wenn man zum Beispiel durch einen dünnen, regelmäßig gewebten Stoff auf eine entfernte Lichtquelle schaut, so sieht man alsbald ein der Abb. 21 ähnliches Bild; nur sind die Punkte zu kleinen Strichen ausgezogen, wenn man statt einfarbigen Lichtes weißes Licht verwendet. In der Reproduktionstechnik zur Anfertigung von Klischees benutzte Raster haben breitere lichtdurchlässige Zwischenräume. Mit solchen Kreuzgittern erhaltene Diagramme zeigen außer der Verwandlung der Schwärzungspunkte in Schwärzungsstriche noch eine andere Abweichung vom idealisierten

Schema: Die Abschwächung bzw. das Verschwinden einzelner Schwärzungspunkte. Die Abb. 22a zeigt ein solches Gitter in 20facher Vergrößerung. Mit weißem Licht erhält man auf einer $\frac{1}{2}$ m entfernten Platte das danebenstehende Schwärzungsbild (Abb. 22b). Da die Öffnungen und die undurchsichtigen Zwischenräume des Gitters gleich breit sind, wird die Entstehung von Strahlen, deren Ordnung eine Paarzahl ist, erschwert. Hier sind die Schwärzungspunkte zweiter Ordnung nur noch ganz schwach zu sehen. An Stelle der Schwärzungspunkte, deren Ordnungszahlen ungerade sind, zeigt das Diagramm kleine Striche oder Spektren infolge der Verwendung weißen Lichtes. Es ist also der Unterschied zwischen den optischen Gittern, die wir wirklich herstellen können und den idealen Atomgittern an diesem Beispiel klar zu erkennen[1].

Die deutlich sichtbaren längeren Striche auf Abb. 22b sind dritter, fünfter, siebenter usw. Ordnung.

Das reziproke Kreuzgitter. Um den Übergang zum *reziproken* Kreuzgitter besser schildern zu können, führen wir in diesem Kapitel die vektorielle Darstellungsweise ein: Ein eindimensionales Gitter entsteht durch fortgesetzte translatorische Verschiebung eines Gitterelementes um immer denselben Vektor. Beim einfachen ebenen Kreuzgitter sind es zwei nicht auf einer Geraden liegende Vektortranslationen a_1 und a_2, die durch fortgesetzte Anwendung aus einem Gitterelement das Gitter erzeugen. Sie spannen eine parallelogrammartige Zelle auf. Die Abb. 23 zeigt ein schiefwinkliges, Abb. 24 ein rechtwinkliges Kreuzgitter. Jeder Eckpunkt der Zellen ist ein Gitterpunkt, jede Gerade durch zwei Gitterpunkte ist eine Netzgerade, die unendlich viele Gitter-

---

[1] An Strichgittern, bei denen Gitterstab und Gitterzwischenraum einander gleichen, kann man das Verschwinden der Spektren zweiter, vierter usw. Ordnung gut verfolgen: Hält man ein solches Gitter schräg zu den einfallenden Strahlen, so ist die Gleichheit aufgehoben und man sieht alle theoretisch möglichen Strahlen; dreht man das Gitter in eine Lage senkrecht zu den einfallenden Strahlen, so verschwinden plötzlich die Strahlen der paarzahligen Ordnungen. Bei diesen Strahlenrichtungen ist für jeden einzelnen Spalt die Wegdifferenz der äußersten Strahlen 1 λ, und dann löscht die eine Hälfte eines jeden Spaltes die andere Hälfte desselben Spaltes aus. Theoretisch können die Strahlungen der Spalte einander unterstützen, aber das hilft nichts, wenn schon jeder einzelne Spalt nichts gibt.

punkte enthält. Einen beliebigen Gitterpunkt des Kreuzgitters wählen wir als Ursprung oder Nullpunkt; die anderen Gitterpunkte bestimmen wir von ihm aus durch Vektoren $\mathfrak{H} = h \cdot \mathfrak{a}_1 + k \cdot \mathfrak{a}_2$ mit positiven oder negativen ganzen Zahlen h und k, die Null einbegriffen. Wir nennen die Zahlen h und k hier die Koordinaten des Gitterpunktes oder dessen Indizes. Wenn wir so *alle* Gitterpunkte erfassen, sind die Vektoren $\mathfrak{a}_1$ und $\mathfrak{a}_2$ ein *primitives* Translationspaar, d. h. ihre Zelle ist so klein, wie es im Gitter überhaupt möglich ist; sie enthält weder im Innern noch auf den Seiten Gitterpunkte. Jedes Gitter kann durch unendlich viele primitive Translationspaare beschrieben werden.

Um nun das reziproke Kreuzgitter zu erhalten, ordnet man den zwei Vektoren $\mathfrak{a}_1$ und $\mathfrak{a}_2$ die zwei reziproken Vektoren $\mathfrak{b}_1$ und $\mathfrak{b}_2$ zu, definiert durch die vier Forderungen[1]:

1. $a_1\, b_2 \cos(\mathfrak{a}_1\, \mathfrak{b}_2) = 0$
2. $a_2\, b_1 \cos(\mathfrak{a}_2\, \mathfrak{b}_1) = 0$
3. $a_1\, b_1 \cos(\mathfrak{a}_1\, \mathfrak{b}_1) = 1$
4. $a_2\, b_2 \cos(\mathfrak{a}_2\, \mathfrak{b}_2) = 1$.

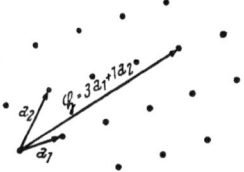

Abb. 23. Ein schiefwinkliges Kreuzgitter mit dem primitiven Translationspaar $\mathfrak{a}_1$ und $\mathfrak{a}_2$.

Die beiden ersten Gleichungen bedeuten, daß $\mathfrak{b}_2$ auf $\mathfrak{a}_1$ und $\mathfrak{b}_1$ auf $\mathfrak{a}_2$ senkrecht stehen. In dem besonderen Fall, daß im ursprünglichen Gitter die Translationsvektoren aufeinander senkrecht stehen, bilden auch die Vektoren im reziproken Gitter einen rechten Winkel, so daß schließlich $\mathfrak{b}_1$ und $\mathfrak{a}_1$ sowie $\mathfrak{b}_2$ und $\mathfrak{a}_2$ gleiche Richtungen haben. Dann liefern die beiden letzten Gleichungen

$$a_1\, b_1 \cos 0 = 1 \quad \text{und} \quad a_2\, b_2 \cos 0 = 1$$

die Beziehungen zwischen den Beträgen entsprechender primitiver Translationsvektoren: es wird $b_1 = \dfrac{1}{a_1}$ und $b_2 = \dfrac{1}{a_2}$. Dieser Zusammenhang rechtfertigt die Bezeichnung „rezi-

---

[1] In der Vektorenrechnung bedeutet $(\mathfrak{a}\,\mathfrak{b})$ das skalare Produkt der Vektoren $\mathfrak{a}$ und $\mathfrak{b}$; es gilt $(\mathfrak{a}\,\mathfrak{b}) = ab \cos(\mathfrak{a}\,\mathfrak{b})$, wenn a und b die Beträge der Vektoren $\mathfrak{a}$ und $\mathfrak{b}$ sind. Mit Hilfe des skalaren Produktes lassen sich die vier Gleichungen kürzer schreiben:

$(\mathfrak{a}_\alpha\, \mathfrak{b}_\beta) = 0$ bei $\alpha \neq \beta$
$\phantom{(\mathfrak{a}_\alpha\, \mathfrak{b}_\beta)} = 1$ bei $\alpha = \beta$ $\quad (\alpha, \beta = 1,\, 2)$.

prokes Gitter" für das neue, durch das Translationspaar $\mathfrak{b}_1\,\mathfrak{b}_2$ definierte Punktgitter. Am übersichtlichsten werden die Beziehungen der beiden Gitter zueinander, wenn im ursprünglichen Kreuzgitter dem Betrag a_1 die Länge 1 entspricht ($a_1 = 1$) und der Betrag des Vektors $b_1 = \dfrac{1}{a_1}$ ebenfalls durch dieselbe Einheitsstrecke dargestellt wird. Deshalb erscheinen die beiden Vek-

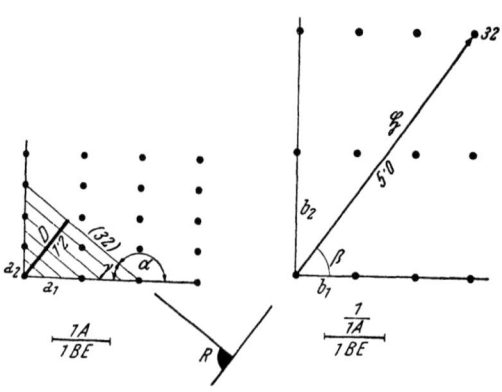

Abb. 24. a) Das Primärgitter. Netzgerade (3 2). $d = \dfrac{D}{6} = \dfrac{1,2}{6} = \dfrac{1}{5}$ B. E. b) Das reziproke Gitter. Gittervektor $\mathfrak{H} = 3\,\mathfrak{b}_1 + 2\,\mathfrak{b}_2$; $|\mathfrak{H}| = H = 5$ B. E. Die Maßzahlen von d und H sind zueinander reziprok. Die Betragseinheiten (B. E.) sind so gewählt, daß die Größe a (Abb. 24a) und die Größe $\dfrac{1}{a}$ (Abb. 24b) durch gleich große Strecken dargestellt werden.

toren $\mathfrak{a}_1$ und $\mathfrak{b}_1$ auf der Abb. 24 gleich groß. In dem ursprünglichen Kreuzgitter ist $a_2 = \dfrac{a_1}{2}$ angenommen, daher wird nun $b_2 = 2\,b_1$, was in der Abb. 24 unmittelbar zu erkennen ist.

An diesem Beispiel sollen nun zwei Eigentümlichkeiten des reziproken Gitters erläutert werden:

1. Man erkennt, daß der im reziproken Gitter als Beispiel gewählte Vektor $\mathfrak{H} = 3\,\mathfrak{b}_1 + 2\,\mathfrak{b}_2$ auf der ihm durch die gleichen Indizes zugeordneten Netzgeraden (3 2) im ursprünglichen Gitter senkrecht steht. Der Richtungswinkel β des Vektors ist gegeben durch $\tan \beta = \dfrac{2\,b_2}{3\,b_1}$ und der Richtungswinkel $\alpha = 180 - \gamma$ der Netzgeraden durch $\tan \alpha = -\dfrac{3\,a_2}{2\,a_1}$. Da $b_1 = \dfrac{1}{a_1}$ und $b_2 = \dfrac{1}{a_2}$, wird $\tan \beta = -\dfrac{1}{\tan \alpha} = -\cot \alpha = \tan(90 + \alpha) = \tan(\alpha - 90)$. Somit wird $\beta = \alpha - 90$, wie behauptet.

2. Die Maßzahlen des Abstandes d benachbarter Netzgeraden und des Betrages des Vektors $\mathfrak{H}_{32}$ sind zueinander reziprok. Diese einfache Beziehung gilt aber nur dann, wenn der Vektor $\mathfrak{H}$ wie in diesem Fall der kürzeste ($\mathfrak{H}_{\min}$) von allen Vektoren einer Richtung ist. Auf der Abb. 24a ist, wie man sieht, d fünfmal kleiner als a_1 (die der Betragseinheit in Abb. 24a entsprechende Länge), und die Maßzahl von d ist daher $\frac{1}{5}$. Im reziproken Gitter ist H fünfmal größer als b_1 (die der Betragseinheit in Abb. 24b entsprechende Länge), und die Maßzahl von H ist daher 5. Also sind H und d, kurz ausgedrückt, zueinander reziprok: $H \cdot d = 1$. Um diese Beziehung etwas allgemeiner abzuleiten, betrachten wir das kleine Dreieck in der Nähe des Ursprungs (Abb. 24a), dessen Kathete $\frac{a_1}{3}$ ist. In diesem Dreieck ist $d = \frac{a_1}{3} \sin \gamma$. Ferner ist auf Abb. 24b $H = \frac{3 b_1}{\cos \beta}$, und das ergibt, da $\gamma + \beta = 90°$ ist, $H = \frac{3 b_1}{\sin \gamma}$, woraus, da $b_1 = \frac{1}{a_1}$ ist, die Reziprozität von H und d unmittelbar zu ersehen ist.

Die Anwendung des reziproken Gitters. Haben wir zu einem Kreuzgitter mit den Gitterkonstanten $a\,b$ das reziproke[1] Gitter entworfen, so können wir aus diesem die Abstände d der verschiedenen Netzgeradenscharen genauer, leichter und übersichtlicher als aus dem ursprünglichen Kreuzgitter entnehmen. Die Formel (II, 4) liefert dann die gewünschten Ablenkungswinkel.

Aufgabe 21. Gegeben ist ein Kreuzgitter mit den Konstanten $a = 6$ Å und $b = 4{,}8$ Å; auf das Gitter fällt senkrecht eine Röntgenstrahlung mit der Wellenlänge $\lambda = 2$ Å. Man entnehme dem reziproken Gitter die Beträge der Vektoren [0 1], [1 0], [1 1], [1 2] und [2 1], bestimme die Abstände der entsprechenden Netzgeradenscharen und berechne die Ablenkungswinkel (Tab. 8, S. 48).

Antwort. Man zeichnet das reziproke Gitter (Abb. 25) mit Hilfe der beigefügten Skala[2]. Mit ihr verwandelt man auch die (mit einem Zirkel) entnommenen Beträge der „kürzesten" Vek-

---
[1] Hier treten a und b wieder an die Stelle von a_1 und a_2, um auf die übliche Bezeichnungsweise der Gitterkonstanten zurückzukommen. Im reziproken Gitter schreiben wir entsprechend a_r und b_r.
[2] Für diese und alle folgenden Aufgaben des reziproken Gitters ist am Schluß des Buches (S. 111) ein Nomogramm beigefügt.

toren in die entsprechenden Netzgeradenabstände und erhält sin ϑ nach der Formel (II, 4).

Geometrische Konstruktion der Sekundärstrahlen[1]. Die in Tab. 8 angeführten Ablenkungswinkel können auch auf rein geometrischem Wege erhalten werden. Man erkennt auf dem Schrägbild (Abb. 26) einen Oktanten der Ausbreitungskugel (S. 25), die den als Ursprung gewählten Gitterpunkt 0 berührt. Ihr Mittelpunkt M liegt auf der z-Achse im Abstand $\frac{1}{\lambda} = \frac{1}{2\,\text{Å}}$ entgegen der Richtung der Primärstrahlen. Unter der Ausbreitungskugel befindet sich das reziproke Gitter, von dessen Punkten die zur xy-Ebene senkrechten Lote bis zum Durchstoß mit der Oberfläche der Ausbreitungskugel führen. Dann ergeben die von M ausgehenden Fahrstrahlen — d. h. die vom Punkt M durch die Durchstoßpunkte gehenden Geraden — die Richtungen der Sekundärstrahlen. Man hat sich dabei das ursprüngliche Kreuzgitter als im Punkte M zusammengeschrumpft vorzustellen.

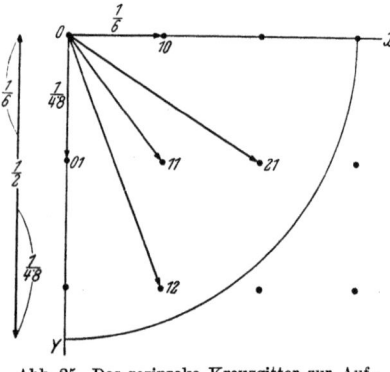

Abb. 25. Das reziproke Kreuzgitter zur Aufgabe 21. Nur die innerhalb des Kreisquadranten liegenden Punkte kommen in Betracht.

Auf diese Weise werden sowohl die Ebene eines Sekundärstrahles als auch dessen Ablenkungswinkel richtig erhalten. Um dies zum Beispiel für den Sekundärstrahl [1 1] zu zeigen, be-

Tabelle 8.

Indizierung $h\,k$	Netzgeradenabstand d in Å	sin ϑ	Ablenkungswinkel ϑ
0 1	4,80	0,42	25°
1 0	6,00	0,33	19
1 1	3,75	0,53	32
1 2	2,25	0,89	63
2 1	2,55	0,78	51
0 2	2,40	0,84	57
2 0	3,00	0,67	42

[1] Siehe Anhang IV, S. 111.

trachten wir den Vektor (11) im reziproken Gitter, der mit OP bezeichnet ist. Dieser Vektor steht senkrecht zur Netzgeradenschar im ursprünglichen Gitter; er bestimmt also zusammen mit dem Primärstrahl die Ebene, in welcher der Sekundärstrahl liegt. Zeichnet man dann das Dreieck $MO'P'$ in normaler Größe (Abb. 27), so sieht man, daß

$$O'P' = OP = \frac{1}{d} =$$
$$= \frac{1}{\lambda}\sin\vartheta.$$

Für alle derartigen Dreiecke ist $\frac{1}{\lambda}$ die gemeinsame Hypotenuse, worin der Vorteil der Ausbreitungskugel liegt. Nun kann man dem Schrägriß unmittelbar nur die in der xz-Ebene liegenden Ablenkungswinkel entnehmen: Sie betragen im Einklang mit den in die Tab. 8 aufgenommenen Werten 19° und 42°. Um die Größen der übrigen Winkel auch auf geometrischem Wege zu erhalten, müssen die Ablenkungswinkel durch eine Drehung um die z-Achse in die xz-Ebene hineingedreht werden (Abb. 27). Die Abbildung enthält das reziproke Gitter im unteren Teil, dem Grundriß. Im oberen Teil enthält sie den Aufriß der Ausbreitungskugel und die Strahlen [1 0] und [2 0] wie in Abb. 26. Die übrigen Strahlen sind in die Aufrißebene hineingedreht, was auf zwei Arten durchgeführt werden kann:

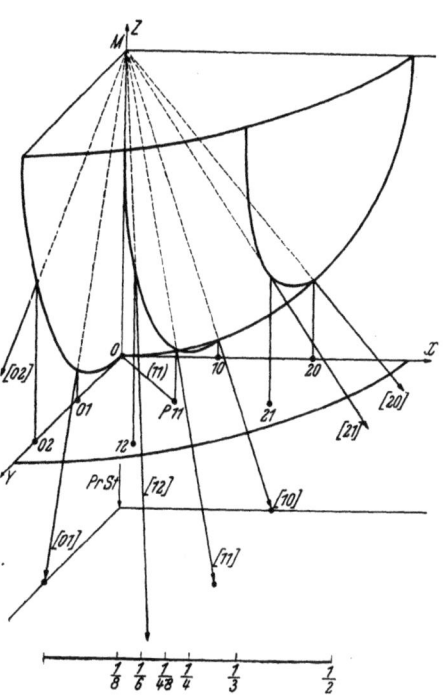

Abb. 26. Schrägriß der Ausbreitungskugel über einem reziproken Gitter (mit halbfacher Verkürzung). Die Röntgenstrahlen fallen lotrecht auf das Gitter. Lotrechte Gerade führen von jedem Gitterpunkte bis zum Durchstoßpunkt auf der Ausbreitungskugel. Durch die Durchstoßpunkte gehen die gesuchten Sekundärstrahlen. Unter dem Gitter ist ein Auffangschirm angedeutet, auf dem die Strahlen Schwärzungspunkte erzeugen.

50 Das zweidimensionale Punktgitter oder Kreuzgitter.

Um zum Beispiel den Sekundärstrahl [2 1] zu erhalten, legen wir durch den Punkt 2 1, dessen Grundriß mit A' bezeichnet ist, eine Ebene parallel zur xz-Ebene. Diese Ebene schneidet die Ausbreitungskugel in einem Kreise; der Grundriß einer Hälfte dieses Kreises ist die Gerade $E'F'$, und die Kreislinie $E''F''$ stellt den Aufriß eines Quadranten dieses Schnittkreises dar. Auf der Kreislinie $E''F''$ liegt auch der Aufriß A'' des Durchstoßpunktes, den das Lot aus dem Punkte 2 1 (A') mit der Kugeloberfläche erzeugt. Man findet ihn mit einem Ordner aus dem Punkt 2 1. Nun dreht man die Kugel um die z-Achse, bis der Durchstoßpunkt in die Aufrißebene kommt; dabei bewegt sich sein Aufriß parallel zur x-Achse bis zum Punkte B, dem Schnittpunkt mit dem Aufriß der Ausbreitungskugel. Der Fahrstrahl von M durch B gibt mit der z-Achse den gesuchten Ablenkungswinkel in wahrer Größe an (51°, wie in Tab. 8). Die zweite Art der Konstruktion führt zu demselben Ergebnis: Man bringt den Vektor [2 1] oder OA' durch Drehung um den Ursprung 0 zur Koinzidenz mit der x-Achse. Von der neuen Lage C des Endpunktes A' des Vektors OA' errichtet man eine Senkrechte zur x-Achse. Diese schneidet den Aufriß der Kugeloberfläche wiederum im Punkte B. Man erhält durch solche Konstruktionen die Winkel in wahrer Größe, während die Strahlen selbst im Raume vor der xz-Ebene liegen, wie der Schrägriß zeigt. In manchen Fällen kann man auch, umgekehrt, die Gitterkonstante geometrisch erhalten, wenn mehrere Ablenkungswinkel gegeben sind.

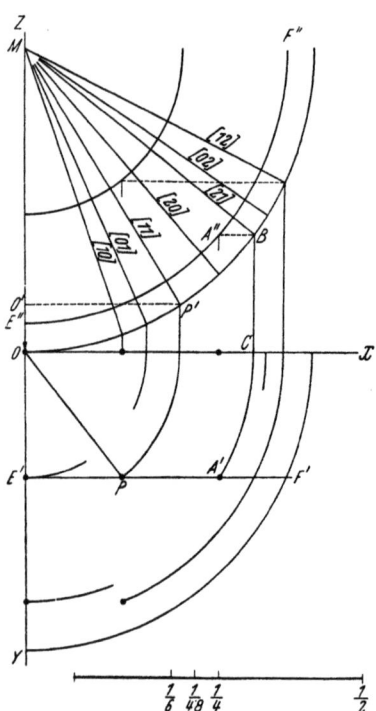

Abb. 27. Grundriß und Aufriß zu der Abb. 26. Die graphisch erhaltenen Ablenkungswinkel stimmen mit den Winkeln in Tab. 8 überein.

III. Das dreidimensionale Punktgitter oder Raumgitter.

Alle wirklichen kristallinen Gebilde sind Raumgitter, aus Atomen aufgebaute, in drei Richtungen periodische Gitter. Wir kennen bisher keine Atomketten und auch keine monoatomaren flächenhaften Gebilde. Die in Kap. I und II behandelten Atomformationen sind nur gedachte Konstruktionen; aber ihre Behandlung erleichtert das Verständnis für die besonderen Bedingungen, unter denen auch beim Raumgitter Sekundärstrahlen auftreten.

Für das eindimensionale Gitter genügt *eine* Grundgleichung (I, 4) mit *einer* Ordnungszahl h; das Kreuzgitter verlangt zwei Grundgleichungen (II, 1' und 1'') mit *zwei* Ordnungszahlen h und k; ein Raumgitter kann man nach drei voneinander unabhängigen Richtungen in Punktreihen zerlegen; man braucht daher *drei* Grundgleichungen mit drei Ordnungszahlen h, k und l.

$$h \cdot \lambda = a \left(\cos \alpha - \cos \alpha_0 \right) \quad \text{(III, 1')}$$
$$k \cdot \lambda = b \left(\cos \beta - \cos \beta_0 \right) \quad \text{(III, 1'')}$$
$$l \cdot \lambda = c \left(\cos \gamma - \cos \gamma_0 \right). \quad \text{(III, 1''')}$$

Die Unterteilung der Raumgitter in Netzebenen. Um die Eigenschaften der Kreuzgitter, die in den zwei ersten dieser Gleichungen zum Ausdruck kommen, zu erkennen, unterteilten wir das Kreuzgitter in Netzgerade (S. 32). Analog dazu wird die Untersuchung der Raumgitter auf die Kreuzgitter zurückgeführt, wenn man jetzt die *Ebenen* betrachtet, welche durch die Gitterpunkte des Raumgitters gehen. Die in einer Ebene liegenden Gitterpunkte bilden Kreuzgitter, die man als die Netzebenen der Raumgitter bezeichnet. Jede Grenzfläche des in Abb. 1 abgebildeten Raumgitters ist eine Netzebene, aber auch die schräg durch das Innere des Gitters gehenden Netzebenen sind leicht zu erkennen. Wie es beim Kreuzgitter auf den Abstand der Netzgeraden ankam, so wird jetzt beim Raumgitter der Abstand der Netzebenen entscheidend.

Gehen wir von einem kubischen Gitter $a = b = c$ aus, so bildet jede der Grenzflächen ein quadratisches Kreuzgitter. Lassen wir senkrecht auf dieses Gitter einen Röntgenstrahl fallen, dessen Wellenlänge mit der Gitterkonstanten übereinstimmt

($\lambda = a$), so erhalten wir einen Sekundärstrahl (Abb. 28), dessen Ablenkungswinkel 90° beträgt. Seine Indizierung ist [1 0] und auch die Formel (II, 10) gibt dieselbe Richtung an, da

$$\sin \vartheta = \frac{\lambda}{a} \cdot \sqrt{h^2 + k^2} = 1.$$

Nun betrachten wir die zweite, darunterliegende Netzebene. Alles ist genau ebenso, nur erreicht die Primärstrahlung diese Netzebene etwas später. Diese Verspätung ist aber ($\lambda = a$!) gerade so groß, daß die Sekundärstrahlung von zwei übereinander liegenden Atomen der Flächen mit gleicher Phase ausgeht. Man kann auch sagen, daß die von beiden Netzebenen ausgehenden Sekundärstrahlen in Phase sind und einander daher verstärken. Dasselbe gilt aber auch von allen übrigen zur ersten parallelen Netzebene und somit für das ganze Raumgitter. Man erhält also einen Sekundärstrahl von einem Raumgitter, wenn die Sekundärstrahlen einer seiner Netzebenen von den Sekundärstrahlen aller ihr parallelen Netzebenen verstärkt werden[1].

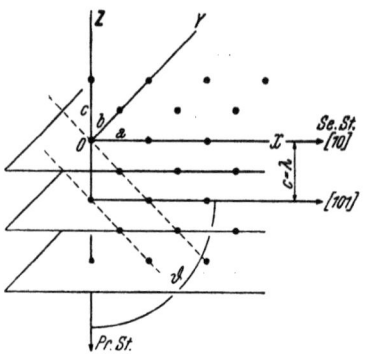

Abb. 28. Für $a = b = c = \lambda$ ist bei senkrechter Inzidenz der Primärstrahlen der Ablenkungswinkel des Sekundärstrahles [1 0] vom Kreuzgitter in der xy-Ebene ein rechter Winkel. Die Sekundärstrahlen aller Kreuzgitter verstärken einander. Das Raumgitter erzeugt also auch in dieser Richtung ($\vartheta = 90°$) einen Sekundärstrahl [1 0 1]. Zu demselben Ergebnis kommt man, wenn man sich den Sekundärstrahl an einer Netzebene (strichliert) reflektiert vorstellt.

Es ist nun aber keineswegs immer, d. h. bei jeglicher Richtung und bei jeglicher Wellenlänge der Primärstrahlung, möglich, einen

---

[1] Beim Raumgitter gilt für den Ablenkungswinkel ϑ, wie im weiteren genauer ausgeführt wird, eine ganz ähnliche Formel, wie beim Kreuzgitter; sie lautet:

$$\sin \frac{\vartheta}{2} = \frac{\lambda}{2a} \cdot \sqrt{h^2 + k^2 + l^2}.$$

Durch die drei Indizes $h\,k\,l$ wird beim Raumgitter eine Netzebenenschar bestimmt. Die Ebenen dieser Schar sind dadurch gekennzeichnet, daß sie den Primärstrahl in die neue Richtung hinein reflektieren könnten. In der Abb. 28 sind diese zur y-Achse parallel liegenden Ebenen durch gestrichelte Gerade gekennzeichnet. Von ihnen

Sekundärstrahl zu erhalten. Für das Beispiel Abb. 28 mußten die günstigen Bedingungen eigens ausgesucht werden. Die Raumgitter unterscheiden sich hierdurch von den Linien- und Kreuzgittern, bei denen keinerlei derartige Beschränkungen für die Richtung und die Wellenlänge der Primärstrahlung bestehen. Wir wollen nun zuerst an einem Gegenbeispiel zeigen, daß das in der vorhergehenden Aufgabe geschilderte Zusammenwirken der Netzebenen nicht mehr stattfindet, wenn wir auch nur eine der Bedingungen verändern, zum Beispiel $\lambda = \dfrac{a}{2}$ annehmen.

In diesem Fall ist der Ablenkungswinkel ϑ des Sekundärstrahles vom Kreuzgitter nicht 90°, sondern 30°, wie man der Abb. 29 entnimmt[1]. Betrachtet man nun korrespondierende Punkte zweier benachbarter Netzebenen, so erkennt man, daß die Wegdifferenz der von den beiden Punkten in Richtung $\vartheta = 30°$ ausgehenden Strahlen *nicht* einer ganzen Zahl von Wellenlängen gleich ist, da $a \cos 30° = 2 \lambda \cos 30° = 1{,}73 \lambda$

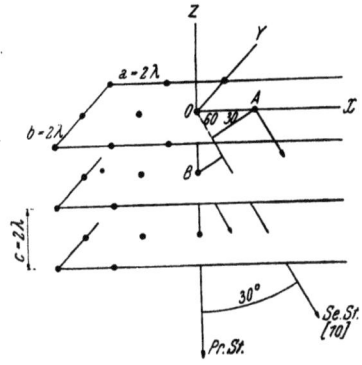

Abb. 29. Für $a = b = c = 2\lambda$ verstärken die Sekundärstrahlen [1 0] der einzelnen Netzebenen einander nicht. Für die Punkte O und A des Kreuzgitters ist die Wegdifferenz gerade 1λ bei $\alpha = 60°$ oder $\vartheta = 30°$: $\varDelta s = 2\lambda \cos 60° = \lambda$. Für die Punkte O und B ergibt sich aber in dieser Richtung eine Wegdifferenz $\varDelta s = 2\lambda - 2\lambda \cos 30° = 2\lambda - 1{,}7\lambda = 0{,}3\lambda$. Daher geht bei senkrechter Inzidenz vom Raumgitter kein Sekundärstrahl in dieser Richtung ($\vartheta = 30°$).

schneidet die ursprungnächste Ebene von der x-Achse und von der z-Achse einen Abschnitt $= 1$ ab. Sie schneidet die y-Achse „in der Unendlichkeit". Daher sind die Achsenabschnitte dieser Ebene $1 \infty 1$ und ihre Indizierung durch die Reziprokwerte lautet (1 0 1). Auch der Sekundärstrahl führt dieselben Kennzahlen. In die Formel eingesetzt erhält man: $\sin \dfrac{\vartheta}{2} = \dfrac{\lambda}{2a} \cdot \sqrt{2} = 0{,}7$; $\dfrac{\vartheta}{2} = 45°$ und $\vartheta = 90°$ in Übereinstimmung mit der Formel für das Kreuzgitter, die ebenfalls $\vartheta = 90°$ ergab.

[1] Die Berechnung ergibt in diesem Falle: $\lambda = a \cdot \cos \alpha = 2\lambda \cos \alpha$ und $\cos \alpha = \dfrac{1}{2}$; daher ist $\alpha = 60°$ und $\vartheta = 30°$. Zur Kontrolle liefert (II, 10) $\sin \vartheta = \dfrac{\lambda}{a} \cdot \sqrt{h^2 + k^2} = \dfrac{1}{2} \cdot 1 = \dfrac{1}{2}$.

54 Das dreidimensionale Punktgitter oder Raumgitter.

ist; daher verstärken die Strahlungen von den zwei Netzebenen einander nicht. Somit ist hier die Forderung nach einem Zusammenwirken aller Atome des Raumgitters nicht erfüllt und ein Sekundärstrahl dieser Richtung nicht möglich, obgleich jede einzelne der Netzebenen solche Sekundärstrahlen aussendet. Es ist natürlich nicht möglich, Gegenbeispiele für alle Kombinationen von Gitterkonstanten und Wellenlängen durchzu-

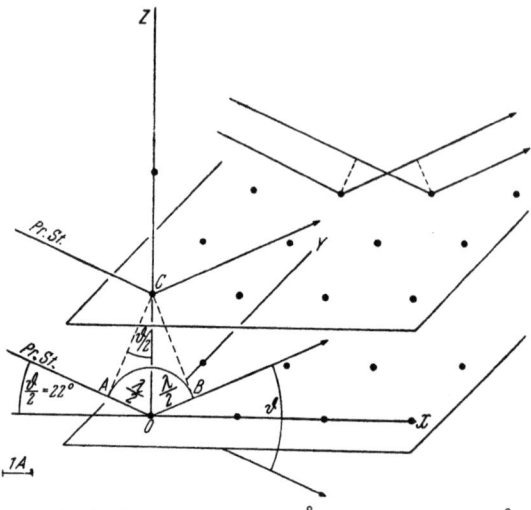

Abb. 30. Ein rhombisches Raumgitter mit $a = 3$ Å, b beliebig und $c = 4$ Å. Die Wellenlänge $\lambda = 3$ Å. Aus dem Dreieck $O A C$ erhält man die Formel von BRAGG: $\sin\frac{\vartheta}{2} = \frac{n\lambda}{2d}$. Netzebenenabstand $d = c = 4$; $\sin\frac{\vartheta}{2} = \frac{3}{8}$ bei $n = 1$. In erster Ordnung wird $\frac{\vartheta}{2} = 22°$; $\vartheta = 44°$.

rechnen. Die vergleichende Betrachtung der beiden Beispiele kann und soll nur die Notwendigkeit einer Auswahl ganz bestimmter Wellenlängen beweisen und damit die beim Raumgitter hinzutretende oben erwähnte Beschränkung der Sekundärstrahlen erläutern. Diese Beschränkung äußert sich in einer anderen Weise, wenn nicht die Richtung des Primärstrahles, sondern die Wellenlänge gegeben ist. Um bei *vorgegebener* Wellenlänge einen Sekundärstrahl zu erhalten, muß die Richtung der Primärstrahlen passend gewählt werden. Als Beispiel nehmen wir ein rhombisches Gitter $(a \neq b \neq c)$ und legen den Primärstrahl ($\lambda = 3$ Å) der Übersichtlichkeit halber in die xz-Ebene (Abb. 30). Trotz der Beschränkung auf die xz-Ebene sind immer noch unendlich viele Einfallsrichtungen des Primärstrahles möglich, und für eine jede von ihnen liefert das Kreuzgitter der Netzebene mehrere Sekundärstrahlen verschiedener Ordnung. Unter diesen müssen wir den Strahl heraussuchen, bei dem sich zwei Netzebenen der Schar in ihren Wirkungen verstärken. Dazu betrachten wir die sogenannten „reflektierten" Sekundärstrahlen der einzelnen Netzebenen, bei denen (Abb. 9, vgl. S. 16) die Wegdifferenz gleich Null ist. Dann genügt es, von jeder Netzebene nur je einen Punkt herauszugreifen — hier O und C — und ihr Zusammenwirken zu untersuchen. Man schlägt um O einen Kreisbogen mit dem Halbmesser $\frac{1}{2} \lambda$[1] und legt an ihn aus dem Punkte C zwei Tangenten CA und CB. Die Richtungen AO und OB geben dann eine mögliche Kombination von Primär- und Sekundärstrahlen erster Ordnung in der xz-Ebene an. Vor der Streuung entsteht eine Wegdifferenz $\frac{\lambda}{2}$ und nach der Streuung — wegen der Symmetrie von einfallenden und reflektierten Strahlen — wieder $\frac{\lambda}{2}$, im ganzen ist also die Wegdifferenz 1λ. Der erhaltene Ablenkungswinkel ϑ ist gleich dem Winkel ACB im Viereck $BOAC$, und man entnimmt dem Dreieck OAC die Beziehung

$$\lambda = 2d \cdot \sin \frac{\vartheta}{2} \text{ (Formel von BRAGG),} \qquad \text{(III, 2)}$$

in der d ganz allgemein den Netzebenenabstand bedeutet. Der Winkel, den der Primärstrahl mit dem negativen Ast der x-Achse bildet, ist gleich $\frac{\vartheta}{2}$, der sogenannte Glanzwinkel θ. Vergleicht man die Formel von BRAGG mit den entsprechenden Formeln (I, 2) $\sin \vartheta = \frac{\lambda}{a}$ und (II, 4) $\sin \vartheta = \frac{\lambda}{d}$, so erkennt man, daß der Unterschied gering ist und mit abnehmendem Ablenkungswinkel noch weiter abnimmt. Bei ganz kleinen Winkeln, für die $\sin \vartheta = \vartheta$ angenommen werden darf, gehen alle drei Formeln in $\vartheta = \frac{\lambda}{a}$ über.

---

[1] Für den Sekundärstrahl zweiter Ordnung müßte der Radius des Kreises 1λ, bei der dritten Ordnung $1\frac{1}{2} \lambda$ usw. betragen.

Die Unterteilung der Raumgitter in Punktreihen. Man kann auch zu einer Vorstellung von der Entstehung der Sekundärstrahlen im Raumgitter kommen, wenn man es sich statt in Netzebenen in einzelne Punktreihen unterteilt denkt und deren Zusammenwirken betrachtet. Eine solche Auflösung eines Raumgitters ist auf viele Arten möglich; wir begnügen uns damit, die drei Unterteilungen nach den rechtwinkligen Koordinatenachsen des Gitters zu betrachten (Abb. 31). Die in der x-Richtung liegenden Punktreihen erzeugen Sekundärstrahlen, die für jeden einzelnen der möglichen Ablenkungswinkel auf einem Kegelmantel liegen. Auf der Oberfläche einer Kugel um das Raumgitter als Zentrum erzeugen diese Kegelmäntel Kreisspuren, die in einer zur x-Achse senkrechten Ebene liegen. Zwei Kreisspuren desselben Doppelkegelmantels sind auf der Abbildung 31 rechts und links von dem in der Mitte angedeuteten Kristallgitter sichtbar. Die zur y-Achse parallelen Punktreihen ergeben die beiden Kreisspuren oberhalb und unterhalb des Kristallgitters. Wenn die Primärstrahlung in der Richtung der z-Achse auf ein kubisches Gitter fällt, sind diese vier Kreise gleich groß. Die beiden Kreisspuren dagegen, welche von den Punktreihen parallel zur z-Achse erzeugt werden, können nicht mehr dieselbe Größe haben, denn die Primärstrahlung trifft die Atome dieser Reihen nicht mehr gleichzeitig wie in den beiden vorhergehenden Fällen. Um das zu verstehen, geht man von dem System der drei Grundgleichungen (III, 1) aus. Für die x- und die y-Reihe sind α_0 und β_0 rechte Winkel, aber für die z-Reihe ist $\gamma_0 = 0$. Beschränken wir

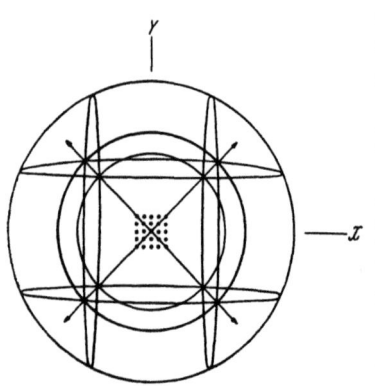

Abb. 31. Die Bedingung zur Entstehung von Sekundärstrahlen an einem Raumgitter. Ein kubisches Raumgitter befindet sich in der Mitte einer gedachten Kugel. Die xy-Ebene ist Zeichenebene, und die zu ihr senkrechte z-Achse gibt die Richtung der Primärstrahlen an. Die kreisförmigen Schnittlinien der Kugelfläche mit den Doppelkegelmänteln der Liniengitter in der x- und y-Richtung erscheinen als schmale Ellipsen. Die Punktreihen in der z-Richtung erzeugen einen Kegelmantel mit einem anderen Öffnungswinkel, dessen Schnitt mit der Kugel die zwei inneren Kreise ergibt. Nur wenn drei Kreise zum Schnitt kommen, kann ein Sekundärstrahl entstehen.

uns auf Fälle, bei denen alle drei Ordnungszahlen gleich sind, also $h = k = l$, so folgt aus den ersten beiden Gleichungen (kubisches Gitter) für $a = b$ auch $\alpha = \beta$. Dagegen lautet die dritte Gleichung jetzt

$$l \cdot \lambda = c \cos \gamma - c,$$

woraus sich für γ ein anderer Wert ergibt als für α und β.

Die drei Systeme von Kreisen auf der Kugel durchkreuzen einander. Im allgemeinen, d. h. bei beliebiger Wellenlänge, kommt es aber nicht dazu, daß drei Kreise in einem Punkt zusammentreffen. Verändert man aber die Wellenlänge, so ändern sich die Halbmesser der Kreislinien auf der Kugel und bei einer bestimmten Größe der Wellenlänge können sich solche gemeinsame Schnittpunkte ergeben, wie sie die Abb. 32 zeigt. Diese Schnittpunkte bestimmen dann zusammen mit dem Zentrum der Kugel die Richtungen der Sekundärstrahlen.

Die formale Koordination der Wellenlänge mit der Richtung der Primärstrahlen. Die geschilderten Begleitumstände bei der Entstehung der Sekundärstrahlen von einem Raumgitter ergeben sich formelmäßig, wenn man zu dem System der drei Grundgleichungen (III, 1) die rein geometrische Beziehung (II, 2) zwischen den drei Richtungswinkeln α, β und γ im rechtwinkligen Koordinatensystem als vierte Gleichung hinzufügt.

$$\cos^2 \alpha + \cos^2 \beta + \cos^2 \gamma = 1. \tag{III, 3}$$

Diese durch den Charakter unseres Raumes auferlegte Bindung schränkt die Versuchsbedingungen zusätzlich ein, so daß α_0, β_0 und γ_0 nicht mehr wie bisher frei wählbar sind. Schaltet man aus den vier Gleichungen α, β und γ aus, so ergibt sich eine Beziehung zwischen α_0, β_0 und λ[1],

$$\lambda = 2a \frac{h \cos \alpha_0 + k \cos \beta_0 + l \cos \gamma_0}{h^2 + k^2 + l^2}. \tag{III, 4}$$

Mit dieser Formel kann man bei gegebener Einfallsrichtung (α_0, β_0) die erforderliche Wellenlänge der Röntgenstrahlen berechnen. Dagegen ist die Lösung der umgekehrten Aufgabe, bei gegebener Wellenlänge die erforderliche Einfallsrichtung der Strahlen anzugeben, nicht so einfach, weil für die zwei Unbekannten α_0 und β_0

---

[1] Der Winkel γ_0 wird nicht erwähnt, da er durch die Winkel α_0 und β_0 mitbestimmt ist (II, 2).

nur eine Gleichung vorhanden ist und daher mehrere Wertepaare von α_0 und β_0 die Gleichung befriedigen (s. Anhang, S. 105).

Das reziproke Raumgitter. Ein Raumgitter entsteht durch fortgesetzte translatorische Verschiebung eines Gitterelementes in drei Richtungen um gleiche Vektoren. Man benötigt also drei nicht in einer Ebene liegende Vektortranslationen, $\mathfrak{a}_1$, $\mathfrak{a}_2$ und $\mathfrak{a}_3$, welche durch fortgesetzte Anwendung aus einem Gitterelement das Raumgitter erzeugen. Sie spannen kontinuierliche Folgen parallelepipedischer Zellen auf.

Wir sehen davon ab, besonders anzuführen, daß auch andere Zellen möglich wären, daß ein und dasselbe Gitter durch verschiedene primitive Translationsvektoren aufgebaut werden könnte usw. Alles, was für das Kreuzgitter gilt, läßt sich mutatis mutandis auch auf das Raumgitter übertragen. Daher können wir gleich zum reziproken Raumgitter übergehen. Man ordnet den drei Vektoren $\mathfrak{a}_1$, $\mathfrak{a}_2$ und $\mathfrak{a}_3$ die drei reziproken Vektoren $\mathfrak{b}_1$, $\mathfrak{b}_2$ und $\mathfrak{b}_3$ zu, definiert durch die neun Forderungen:

(1) $b_1\, a_2 \cos \mathfrak{b}_1\, \mathfrak{a}_2 = 0$

(2) $b_1\, a_3 \cos \mathfrak{b}_1\, \mathfrak{a}_3 = 0$

(3) $b_2\, a_1 \cos \mathfrak{b}_2\, \mathfrak{a}_1 = 0$

(4) $b_2\, a_3 \cos \mathfrak{b}_2\, \mathfrak{a}_3 = 0$

(5) $b_3\, a_1 \cos \mathfrak{b}_3\, \mathfrak{a}_1 = 0$ (III, 5)[1]

(6) $b_3\, a_2 \cos \mathfrak{b}_3\, \mathfrak{a}_2 = 0$

(7) $b_1\, a_1 \cos \mathfrak{b}_1\, \mathfrak{a}_1 = 1$

(8) $b_2\, a_2 \cos \mathfrak{b}_2\, \mathfrak{a}_2 = 1$

(9) $b_3\, a_3 \cos \mathfrak{b}_3\, \mathfrak{a}_3 = 1$.

Von den sechs Gleichungen der ersten Gruppe bedeuten (1) und (2), daß $\mathfrak{b}_1$ senkrecht auf der Ebene $\mathfrak{a}_2\, \mathfrak{a}_3$ steht.

Für ein rechtwinkliges Achsensystem folgt daraus, daß die Richtungen von $\mathfrak{a}_1$ im ursprünglichen Gitter und von $\mathfrak{b}_1$ im reziproken Gitter zusammenfallen. Die übrigen vier Gleichungen der ersten Gruppe geben ergänzend an, daß alle gleichnumerierten

---

[1] Mit Hilfe des skalaren Produktes lassen sich die neun Gleichungen kürzer schreiben:
$(\mathfrak{a}_\alpha\, \mathfrak{b}_\beta) = 0$ für $\alpha \neq \beta$ und $(\mathfrak{a}_\alpha\, \mathfrak{b}_\beta) = 1$ für $\alpha = \beta$ ($\alpha, \beta = 1, 2, 3$). (Vgl. Fußnote S. 45.)

Achsen der beiden Gitter übereinstimmen, ganz ähnlich wie beim Kreuzgitter und dessen reziproken Gitter (s. S. 45). Die zweite Gruppe der Gleichungen erhält für das rechtwinklige Achsenkreuz, da alle drei cos gleich 1 werden, eine einfachere Form und legt die Größe der primitiven Translationsvektoren im reziproken Gitter fest.

$$b_1 = \frac{1}{a_1}; \; b_2 = \frac{1}{a_2}; \; b_3 = \frac{1}{a_3}. \qquad (III, 6)$$

Die Eigenschaften des reziproken Raumgitters. Wie schon erwähnt (S. 51), entsprechen den Netz*geraden* der Kreuzgitter die Netz*ebenen* im Raumgitter, und — ebenso — den Scharen paralleler Netzgeraden die Scharen paralleler Netzebenen. Da eine Ebene durch drei Abschnitte bestimmt wird, die sie von den Koordinatenachsen abschneidet, brauchen wir für jede Ebene auch drei Indexzahlen $h\,k\,l$, die genau so festgelegt werden wie die zwei Indexzahlen der Netzgeraden beim Kreuzgitter. An Stelle der in Å ausgedrückten Achsenabschnitte treten die Schrittzahlen der *ursprungnächsten* Netzebene der Schar. Diese Zahlen sind immer echte Brüche oder höchstens gleich 1. Die zu den Brüchen reziproken Zahlen sind die gesuchten MILLER-Indizes der Netzebenen. Nur die Zahl 1 ändert sich hierbei nicht: Bei der Netzebene zum Beispiel, die durch die ersten Gitterpunkte der drei Achsen geht, sind die Schrittzahlen 1 1 1 und auch die MILLER-Indizes lauten 1 1 1. Die der xy-Ebene parallele Netzebene, welche von ihr nur um einen Schritt auf der z-Achse entfernt ist, schneidet die x- und die y-Achse im Unendlichen; ihre Schrittzahlen sind $\infty\,\infty\,1$ und ihre MILLER-Indizes $h_m\,k_m\,l_m$ lauten 0 0 1. Gehen wir von einer Ebene aus, deren Schrittzahlen 3 1 2 sind, so ist diese Ebene, vom Ursprung gerechnet, die sechste Ebene der Schar. Deshalb sind die „Schrittzahlen" der ursprungnächsten Ebene dieser Schar $\frac{1}{2}$, $\frac{1}{6}$ und $\frac{1}{3}$ und ihre MILLER-Indizes lauten 2 6 3. Je größer die MILLER-Indizes sind, um so kleiner ist der Abstand der ursprungnächsten Netzebene vom Ursprung und damit auch der Abstand der Netzebenen voneinander. Der Gesamtheit der Netzebenenscharen sind im reziproken Gitter eine gleich große Anzahl von diskreten Richtungen (Vektorigel) zugeordnet. In Analogie zum Kreuzgitter gehört zu einer jeden Netzebenenschar im reziproken Gitter die eine Richtung, welche auf dieser Netzebene senkrecht steht. Alle Gittervektoren, deren Endpunkte (Gitterpunkte) auf einer solchen Richtungsgeraden liegen, haben Kennzahlen, die man erhält, wenn man die Kennzahlen des kürzesten unter den Vektoren jeweils mit einer ganzen Zahl multipliziert. Die Kennzahlen des „kürzesten" Vektors sind immer — wie die MILLER-Indizes — teilerfremde Zahlen. Bei dieser Art der Zuordnung stimmen die Kennzahlen einer Netzebenenschar mit den Kennzahlen des ihr zugeordneten kürzesten Vektors überein: Sie ist wie beim Kreuzgitter umkehrbar eindeutig. Auch die Beziehung $d \cdot H = 1$ (S. 47) gilt ebenfalls für den dreidimensionalen Fall. Hier ist d der Abstand der ursprungnächsten Netzebene vom Ursprung und H der Betrag des kürzesten Gittervektors senkrecht zur Netzebene. Wenn $a_r\, b_r\, c_r{}^1$ die Gitterkonstanten des reziproken Gitters sind, ist

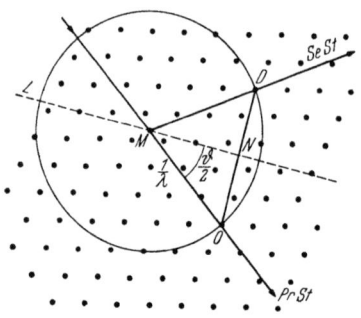

Abb. 32. Die Ausbreitungskugel beim Raumgitter. Schnitt der Ausbreitungskugel mit der Zeichenebene. $M\,O$ — Richtung der Primärstrahlen; $O\,D$ — Gittervektor $\mathfrak{H}$; $O\,M\,N = \dfrac{\vartheta}{2} =$ = ω — Glanzwinkel; $O\,M\,D = \vartheta$ — Ablenkungswinkel; $L\,M\,N$ — Lage der Netzebenenschar im Primärgitter. Nur wenn ein Gitterpunkt (D) auf der Ausbreitungskugel liegt, wird die Bedingung der Gleichung von BRAGG $\lambda = 2\,d \sin \dfrac{\vartheta}{2} \left(\text{hier } \dfrac{H}{2} = \dfrac{1}{\lambda} \sin \dfrac{\vartheta}{2}\right)$ erfüllt, und es entsteht ein Sekundärstrahl.

$$H = |\,\mathfrak{H}\,| =$$
$$= \sqrt{(h\,a_r)^2 + (k\,b_r)^2 + (l\,c_r)^2}.$$
(III, 7)

Vom reziproken Gitter zum Sekundärstrahl. Nach dieser Vorbereitung können wir nunmehr eine geometrische Bedingung angeben, die erfüllt sein muß, damit ein Sekundärstrahl entstehen kann. Wir verändern die Formel von BRAGG (III, 2) so, daß in ihr die Reziprokwerte von λ und d erscheinen und ersetzen den Faktor $\dfrac{1}{d}$ durch den Betrag H des Vektors im reziproken Gitter. Dann erhalten wir:

$$\frac{1}{\lambda} \sin \frac{\vartheta}{2} = \frac{H}{2}.$$
(III, 8)

---

[1] Mit dieser Formel für den Vektorbetrag gehen wir wieder von der vektoriellen Schreibweise zu der üblicheren Bezeichnungsweise (a, b, c) der Gitterkonstanten über
$$a_r = |\,\mathfrak{b}_1\,|;\ b_r = |\,\mathfrak{b}_2\,|\ \text{und}\ c_r = |\,\mathfrak{b}_3\,|.$$

Diese Bedingung wird in der Abb. 32 erfüllt. In der Zeichenebene befinden sich der Primärstrahl MO und der Sekundärstrahl MD. Der Punkt O, als Ursprung gewählt, und der Punkt D sind Gitterpunkte im reziproken Gitter. Um den Mittelpunkt des Kreises M zu erhalten, trägt man, vom Ursprung ausgehend, entgegen der Richtung des Primärstrahles den Betrag $\frac{1}{\lambda}$ auf. Dann wird um M als Zentrum eine Kugelfläche (die Ausbreitungskugel) gelegt, welche die Zeichenebene in dem Kreise um M schneidet. Nur dann, wenn auf diesem Kreise — oder allgemeiner auf der Ausbreitungskugel — außer O noch ein anderer Punkt (hier D) liegt, kann sich ein Sekundärstrahl bilden. Denn nur in diesem Fall wird im Dreieck ONM die Gl. (III, 8) erfüllt: Es ist $ON = OM \sin\frac{\vartheta}{2}$; ON ist $\frac{1}{2}OD = \frac{H}{2}$, während OM laut Konstruktion gleich $\frac{1}{\lambda}$ ist. Eine jede Gerade, welche wie MD durch M und einen Gitterpunkt auf der Ausbreitungskugel geht, ist ein Sekundärstrahl. Auch die Lage der mit dem Sekundärstrahl MD koordinierten „reflektierenden" Netzebene (im Primärgitter!) kann angegeben werden: Die reflektierende Netzebene des Primärgitters schneidet die Zeichenebene in der Geraden LMN.

Die Indizierung der Sekundärstrahlen. Ein Sekundärstrahl erster Ordnung wird, wie wir sahen, mit denselben drei Zahlen h_m $k_m l_m$ indiziert, wie die ihm zugeordnete Netzebene im Primärgitter und auch wie der ihm zugeordnete „kürzeste" Gittervektor im reziproken Gitter. Zur Unterscheidung schließt man das Zahlentripel $h k l$ für die Netzebene in eine runde Klammer und für die Geraden, also den Sekundärstrahl selbst und den Gittervektor, in eine eckige Klammer ein. Die Indizes eines Gitterpunktes erhalten keine Klammer. Für die Sekundärstrahlen höherer Ordnung sind die LAUE-Indizes zweckmäßiger, da die Ordnungszahl in ihnen implizit enthalten ist und nicht getrennt angegeben werden muß wie bei den MILLER-Indizes. Die Ordnungszahl n ist der größte gemeinsame Teiler der LAUE-Indizes, wie aus ihrer Definition unmittelbar folgt: $h = n h_m$; $k = n k_m$; $l = n l_m$. Einem LAUE-Indextripel entspricht nur ein einziger Sekundärstrahl bzw. ein eindeutig bestimmter Vektor im reziproken Gitter. Damit ist auch die Lage der zum Vektor senkrecht angeordneten Netzebenenschar im Kristall eindeutig bestimmt. Man kann schließlich auch nach der Formel $H \cdot d = 1$ aus dem Betrag des Gittervektors den Netzebenenabstand berechnen, muß dabei aber folgenden Umstand berücksichtigen: Mit den teilerfremden MILLER-Indizes erhält man tatsächlich den wirklichen Netzebenenabstand im Primärgitter; dagegen sind die mit den LAUE-Indizes berechenbaren Netzebenenabstände, soweit diese nicht mit den MILLER-Indizes übereinstimmen, immer kleiner als die wirklichen Abstände der Netzebenen im Kristall: Sie erwecken den Anschein einer so dichten Anordnung von Netzebenen, als ob man den Sekundärstrahl höherer Ordnung in erster Ordnung erhalten könnte. Durch Multiplikation mit der Ordnungszahl n kann man von den fingierten Abständen ohne weiteres zu den in Wirklichkeit im Kristall gegebenen Netzebenenabständen und damit zu dessen Gitterkonstanten gelangen. Trotzdem werden, um Mißdeutungen auszuschließen, in den gebräuchlichen Formeln das d und n aus der für alle Ordnungen geltenden BRAGGschen Formel $n\lambda = 2\,d \sin\frac{\vartheta}{2}$ eliminiert. Da der jeweils „kürzeste" Gittervektor die Diagonale in einem rechtwinkligen Quader mit den Kanten $\left(h_m \frac{1}{a}\right)\left(k_m \frac{1}{b}\right)\left(l_m \frac{1}{c}\right)$ ist, erhält man für den wirklichen Netzebenenabstand d im Kristall den Ausdruck

$$d = \frac{1}{H} = \frac{1}{\sqrt{\left(\frac{h_m}{a}\right)^2 + \left(\frac{k_m}{b}\right)^2 + \left(\frac{l_m}{c}\right)^2}}.$$

Damit wird

$$n\lambda = \frac{2\sin\frac{\vartheta}{2}}{\sqrt{\left(\frac{h_m}{a}\right)^2 + \left(\frac{k_m}{b}\right)^2 + \left(\frac{l_m}{c}\right)^2}}$$

und allgemein mit den LAUE-Indizes

$$\lambda = \frac{2\sin\frac{\vartheta}{2}}{\sqrt{\left(\frac{h}{a}\right)^2 + \left(\frac{k}{b}\right)^2 + \left(\frac{l}{c}\right)^2}}.$$

Für ein kubisches Gitter mit $a = b = c$ geht diese Formel, wenn wir zur Erleichterung der Schreibweise die Summe der Quadrate $h^2 + k^2 + l^2$ mit Σh^2 bezeichnen, über in

$$\sin\frac{\vartheta}{2} = \frac{\lambda}{2a}\sqrt{\Sigma h^2}. \qquad \text{(III, 9)}$$

Wir gehen nun dazu über, die einzelnen Methoden der Feinstrukturuntersuchungen zu schildern und beginnen mit dem LAUE-Verfahren, das ja auch zeitlich am Anfang einer Entwicklung steht, die innerhalb von 40 Jahren zu so großen Resultaten geführt hat.

Das LAUE-Verfahren. v. LAUE hat gemeinsam mit FRIEDRICH und KNIPPING 1912 die ersten Röntgenaufnahmen an Kristallen gemacht. Sein Verfahren wird auch noch heute für spezielle Fragen angewandt. Man verwendet dabei „weißes" Röntgenlicht und überläßt es dem feststehenden Kristall, aus der kontinuierlichen Mannigfaltigkeit der Wellenlängen diejenigen auszusuchen, die auf der photographischen Platte Schwärzungspunkte erzeugen. Die Eigentümlichkeiten dieses Verfahrens treten am besten hervor, wenn man zuerst die Sekundärstrahlen von einem *bekannten* Gitter geometrisch konstruiert.

Aufgabe 22. Ein Kristall eines kubischen Systems mit den Gitterkonstanten $a = b = c = 4$ Å wird mit „weißem" Röntgenlicht durchstrahlt, das senkrecht auf eine Würfelebene fällt. Gesucht werden die Ablenkungswinkel ϑ und die Wellenlängen der zur Wirkung kommenden Strahlen.

Antwort. Das zum gegebenen Gitter reziproke Raumgitter ist ebenfalls ein kubisches mit einer Gitterkonstanten, deren Betrag $a_r = \frac{1}{4}$ ist. Wir denken uns dieses Raumgitter so orientiert, daß die x-Achse horizontal nach rechts verläuft, die y-Achse lotrecht nach oben steht und die z-Achse nach vorne in den Raum vor der Bildebene geht. Dann ist also die xy-Ebene die Aufrißebene und die xz-Ebene die Grundrißebene (Abb. 33). Das kubische Gitter wird in beiden Ebenen durch identische quadratische Kreuzgitter dargestellt. Zu einem jeden Punkt im Grundriß gehört eine ganze Punktreihe, nämlich alle lotrecht über ihm liegenden Punkte, und — umgekehrt — zu jedem Punkt im Aufriß gehören alle vor ihm liegenden Punkte; so werden alle Gitterpunkte des Raumgitters erfaßt. Die Primärstrahlen mögen auf das Raumgitter von oben, entgegen der Richtung der y-Achse, also senkrecht auf die xz-Ebene einfallen[1].

---

[1] Die vom Üblichen etwas abweichende Orientierung der Achse und der Einfallsrichtung der Primärstrahlen ist deshalb gewählt, damit später ein zwangloser Anschluß an die vorherrschende Darstellung von Drehkristallaufnahmen möglich wird.

Wir betrachten zunächst nur die Gitterpunkte, welche in der Nähe des Ursprungs O auf der xy-Ebene liegen, deren z-Koordinate also 0 ist. Da die Grundrisse aller dieser Punkte in der x-Achse selbst liegen, haben wir es zunächst nur mit der Aufrißebene zu tun. Die Koordinatentripel dieser Punkte enthalten, da $z = 0$ ist, an der dritten Stelle eine Null und lauten also: 1 0 0, 1 1 0, 2 1 0 usw. Mit jedem von ihnen kann man einen Sekundärstrahl konstruieren, sobald der Mittelpunkt der durch ihn und den Ursprung gehenden Ausbreitungskugel bekannt ist. Man erhält diesen Mittelpunkt jeweils als Schnittpunkt der Mittelsenkrechten des

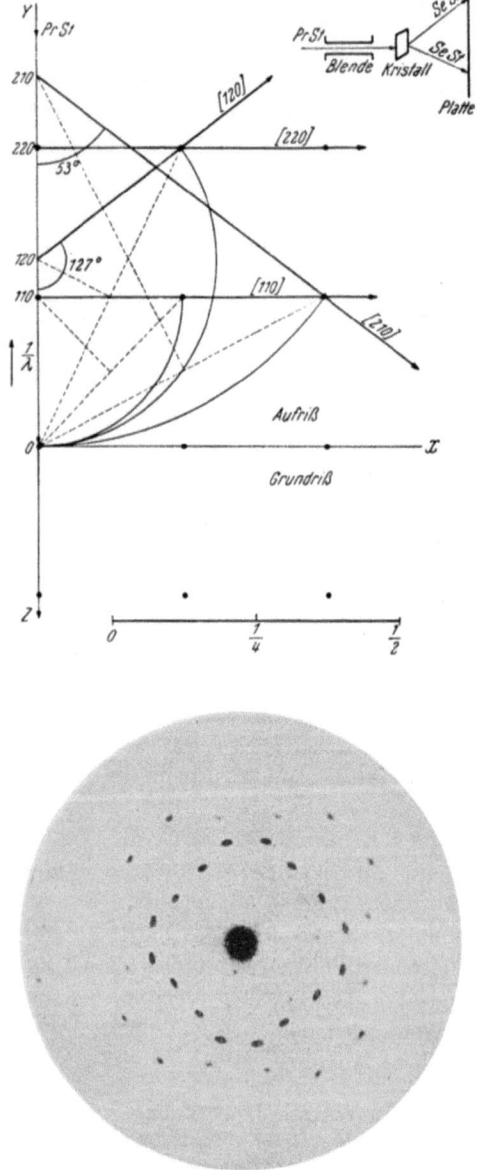

Abb. 33. Sekundärstrahlen in der xy-Ebene eines kubischen Kristalls. $a = b = c = 4$ Å; $a_r = b_r = c_r = \frac{1}{4}$. Die Primärstrahlung besteht aus weißem Röntgenlicht. Die Sekundärstrahlen sind einfarbig (homogen) mit jeweils eigener Wellenlänge. Darunter eine LAUE-Aufnahme von Zinkblende (nach GLOCKER).

Gittervektors mit der Primärstrahlenrichtung (y-Achse). Alle so erhaltenen Mittelpunkte bezeichnen wir mit den Zahlentripeln der Gitterpunkte, zu denen sie gehören. Jeder von einem Mittelpunkt aus durch „seinen" Gitterpunkt gehende Fahrstrahl ist einer der gesuchten Sekundärstrahlen. Damit sind dann auch die Ablenkungswinkel erkannt. Um auch noch die dazugehörende Wellenlänge zu erhalten, müssen wir die Entfernung der Mittelpunkte vom Ursprung $\left(\frac{1}{\lambda}\right)$ bestimmen und diese mit Hilfe der beigefügten Skala wie bisher in Å ausdrücken.

In Tab. 9 sind außer den auf diese Art erhaltenen Ergebnissen in der letzten Spalte zur Kontrolle noch die nach der Formel (III, 9) berechneten Werte angeführt.

Tabelle 9.

Koordinaten der Gitterpunkte des reziproken Gitters	λ in Å	Ablenkungswinkel	
		graphisch aus der Zeichnung	berechnet nach der Formel
1 1 0	4,0	90°	90° 0'
2 1 0	1,6	53	53 8
2 2 0	2,0	90	90
1 2 0	3,2	127	126 52

Um die allgemeine Anwendbarkeit dieser graphischen Methode zu zeigen, wenden wir sie noch für die Gitterpunkte 1 1 1, 2 1 1 und 2 2 1 an, die nicht in der xy-Ebene liegen (Abb. 34). Der Grundriß des Gittervektors [1 1 1] ist OA' und sein Aufriß OA''. Durch eine Drehung um den Primärstrahl als Achse klappen wir den Gittervektor [1 1 1] in die Aufrißebene um: $O(A)$ ist dann seine wahre Länge. Dem zu [1 1 1] gehörenden Mittelpunkt und den Ablenkungswinkel findet man jetzt ebenso wie bisher. Man erhält $\lambda = 2{,}66$ Å und $\vartheta = 70{,}5°$. Für [2 1 1] sind die entsprechenden Werte — 1,33 Å und 49° und für [2 2 1] —1,8 Å und 84°.

Man kann den Zeichnungen mit Hilfe von projizierenden Geraden auch die Richtungswinkel der Sekundärstrahlen α, β und γ entnehmen, doch soll darauf nicht näher eingegangen werden.

Die graphische Methode kann man auch bei komplizierteren Verhältnissen benutzen. Eine Untersuchung von solchen Fällen, in denen die Richtungswinkel der einfallenden Strahlen ganz beliebige Werte annehmen, erübrigt sich aber im Hinblick auf die Praxis: Man ist beim Experiment doch immer bestrebt, den Kristall so anzuordnen, daß die Auswertung der Diagramme möglichst übersichtlich wird und kommt daher stets zu ähnlichen Anordnungen wie in dieser Aufgabe.

Es ergibt sich ganz allgemein, daß in den LAUE-Diagrammen die höher indizierten Schwärzungspunkte näher zum Primärstrahl bzw. der Mitte des Diagrammes liegen als die Schwärzungspunkte mit kleineren Indexzahlen.

Schließlich muß noch darauf hingewiesen werden, daß es bei Verwendung von „weißem" Röntgenlicht vorkommen kann, daß Sekundärstrahlen verschiedener Indizierung dieselbe Richtung haben. Das ist zum Beispiel bei den Strahlen [1 1 0] und [2 2 0] der Fall: Bei der Konstruktion von [2 2 0] ändert sich außer λ ja gegenüber [1 1 0] nur der Maßstab, so daß alle Richtungen

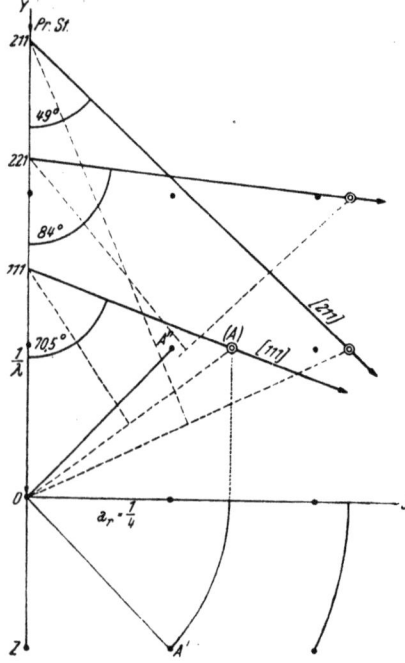

Abb. 34. Ergänzung zu Abb. 33. Man konstruiert die Sekundärstrahlen außerhalb der xy-Ebene, indem man den Gittervektor in die Aufrißebene hineindreht.

unverändert bleiben. Eine Folge davon ist aber, daß bei unbekannten Gitterkonstanten mehrere Indizierungsmöglichkeiten vorhanden sind, zwischen denen man nur auf Grund zusätzlicher Versuche oder Angaben entscheiden kann.

Wir gehen nun zu der umgekehrten Aufgabe, der Auswertung von LAUE-Diagrammen unbekannter Kristallgitter über. In der Abb. 35 ist ein solches Diagramm eines kubischen Kristalles wiedergegeben, der in der Richtung einer Würfelachse durchstrahlt wird. Die Verteilung der Schwärzungspunkte zeigt, dem kubischen

System entsprechend, eine vierzählige Symmetrie. Die Aufnahmeplatte steht senkrecht zu dem Primärstrahl (hier in der y-Achse) und liegt daher parallel zur xz-Ebene. Aus demselben Grunde stehen auch alle Ebenen, die durch Primär- und Sekundärstrahlen bestimmt sind, senkrecht zur Zeichenebene. Jeder Schwärzungspunkt bestimmt eine unter diesen Ebenen, in welcher der ihm ent-

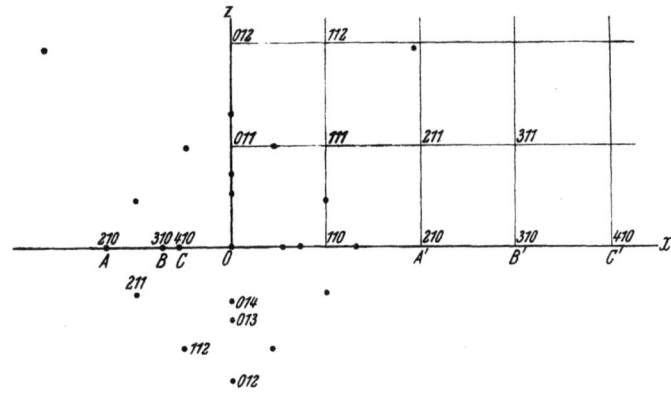

Abb. 35. LAUE-Diagramm eines kubischen Gitters. Gegeben sind die Schwärzungspunkte des Diagramms. Das quadratische Netz gibt das reziproke Gitter eines Quadranten des untersuchten kubischen Gitters wieder. Die Schnittpunkte bezeichnen die Lage der Gitterpunkte im reziproken Gitter. Jedem Schwärzungspunkt des indizierten Quadranten (links unten) entspricht ein Gitterpunkt, der auf der Geraden durch den Mittelpunkt O und den Schwärzungspunkt liegt. In Abb. 36 wird gezeigt, wie man zu den Schwärzungspunkten (A B C) die zugehörigen Gitterpunkte (A' B' C') findet. Aus der Lage der Gitterpunkte im reziproken Gitter ergibt sich dann die Indizierung der ihnen zugeordneten Schwärzungspunkte.

sprechende Ablenkungswinkel liegt. Die Ablenkungswinkel sind aus den Abständen der Schwärzungspunkte vom Mittelpunkte leicht zu bestimmen. Für die drei als Beispiel hervorgehobenen und mit den Buchstaben A, B und C bezeichneten Schwärzungspunkte auf der horizontalen Symmetrieachse betragen diese Ablenkungswinkel bei einem Plattenabstand vom Kristall $d = 4$ cm hier 53, 36 und 28 Grad.

Es soll nun geschildert werden, was man einem solchen Diagramm weiter entnehmen kann und wie man dabei vorgeht. Wir tragen alle drei Winkel bzw. die Sekundärstrahlen auf einer Seite von dem Primärstrahl (Abb. 36) auf, wozu man auch unmittelbar die Punkteabstände OA, OB und OC des Diagramms (Abb. 35) benutzen kann. Jeder Sekundärstrahl zeigt an, daß im Kristall eine bestimmte Netzebenenschar vorhanden ist. Wenn Primär- und Sekundärstrahlen *in* der Zeichenebene liegen, wie das auf Abb. 36 der Fall ist, so stehen die zu ihnen gehörenden Netzebenen *senkrecht* zur Zeichenebene; die Bedingungen sind ja formal dieselben wie bei einer Reflexion. Man findet die Schnittgeraden der Netzebene mit der Zeichenebene, indem man die

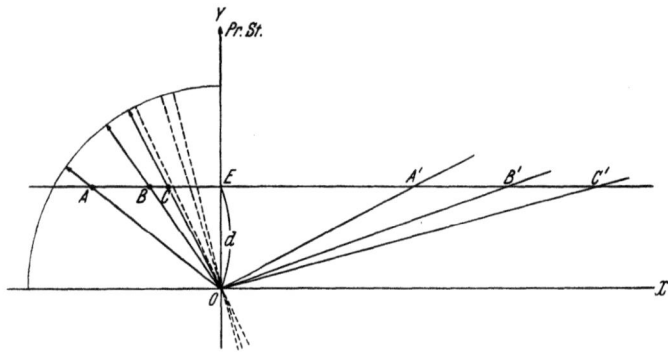

Abb. 36. Der Übergang von den Schwärzungspunkten zu den Gitterpunkten des reziproken Gitters. Die Geraden OA, OB und OC sind Sekundärstrahlen in der xy-Ebene. Sie kommen von einem Kristall im Punkte O, den ein Röntgenstrahl (weißes Röntgenlicht) in der y-Richtung durchstrahlt. Die durchbrochenen Geraden halbieren die Ablenkungswinkel und geben die Lage von Netzebenen im Kristallgitter an. Die Geraden OA', OB' und OC' stehen senkrecht auf den Halbierungsgeraden und bestimmen die Richtungen der entsprechenden Gittervektoren des reziproken Gitters. Die Punkte A', B' und C' geben die relative Lage der Gitterpunkte zueinander an.

Ablenkungswinkel halbiert: Der Glanzwinkel ist die Hälfte des Ablenkungswinkels. In der Abbildung sind die Netzebenen des Kristalls durch durchbrochene Gerade kenntlich gemacht. Trotzdem wir nun die Richtungen von drei Netzebenenscharen im Kristall kennen, vermögen wir noch nicht, das Kristallgitter zu entziffern, da der Netzebenenabstand, die in jedem einzelnen Fall zutreffende Wellenlänge der Strahlung und auch die Indizierung der Netzebenen noch unbekannt sind.

Zur Indizierung können wir mit Hilfe des reziproken Gitters gelangen: Die Geraden aus dem Punkte O auf der rechten Seite der Abb. 36 sind senkrecht zu den Netzebenen gezogen und geben daher die Richtungen der Vektoren im reziproken Gitter des un-

bekannten Kristalles an. Da der Maßstab des reziproken Gitters unwesentlich ist, erhält man eine Punktreihe dieses Gitters am zweckmäßigsten, wenn man die Vektoren mit der Verlängerung der Geraden AC schneidet. Die Lage der Schnittpunkte A', B' und C' entspricht tatsächlich einer Punktreihe des reziproken Gitters, da $A'B' = B'C'$ und $EA' = 2 A'B'$. So wird A' der zweite, B' der dritte und C' der vierte Gitterpunkt, gerechnet vom Mittelpunkt als Ursprung. Wir übertragen nun die erhaltenen Punkte in das ursprüngliche Diagramm der Abb. 35 auf die x-Achse und können auch gleich als erste Indexzahl für diese Punkte die Werte $h = 2{,}3$ und 4 eintragen. Die zweite Indexzahl k wird für alle Punkte der zur y-Achse (Primärstrahlen) senkrecht stehenden Gitterebene gleich 1 gesetzt. Der dritte Index ist für die Punkte auf der x-Achse, wie unmittelbar aus der Zeichnung ersichtlich, gleich 0, da $z = 0$ ist. Wiederholt man das geschilderte Verfahren mit den übrigen Schwärzungspunkten eines Quadranten des Diagramms, so baut man auf diese Art eine Ebene vom reziproken Gitter des untersuchten Kristalles auf, in der man alle Gitterpunkte indizieren kann (s. das quadratische Netz auf Abb. 35). In der Praxis wird dies Verfahren dadurch abgekürzt, daß man ein entsprechend eingeteiltes Lineal benutzt, mit dem man zu jedem Schwärzungspunkt, zum Beispiel zum Punkt A, gleich den ihm konjugierten und auf der Geraden durch den Mittelpunkt liegenden Punkt, also in diesem Fall A', finden kann. Man kann die zur Konstruktion des Lineales erforderliche Beziehung der Abb. 36 entnehmen. Es ist $EA' = d \operatorname{ctg}\left(90 - \dfrac{\vartheta}{2}\right) =$
$= d \operatorname{ctg} \dfrac{\vartheta}{2}$ und $EA = d \operatorname{tg} \vartheta$, woraus man für beliebige Winkel ϑ den Quotienten $\dfrac{EA'}{EA}$ berechnen kann. Wer mit der gnomonischen Projektion vertraut ist, erkennt, daß es sich bei dieser Konstruktion um die Herstellung eines solchen Projektionsbildes handelt. Der Kristallographie entlehnt man auch noch eine Bezeichnung für die Gruppe der in Abb. 36 angedeuteten Netzebenen: Man nennt sie tautozonal (einer Zone angehörig) und die ganze Gruppe — eine Zone. Eine Zone wird also aus Ebenen gebildet, die fächerförmig um eine gemeinsame Achse, die Zonenachse, angeordnet sind. In unserem Beispiel ist die z-Achse eine solche Zonenachse.

Wenn in der Formel (III, 9) des Raumgitters der Ablenkungswinkel ϑ und auch die Summe der Quadrate der Indexzahlen nach der Indizierung für jeden Schwärzungspunkt bekannt sind, kann man die Gitterstruktur des Kristalls und das Verhältnis der Gitterkonstanten zur Wellenlänge mit einer gewissen Sicherheit angeben. Um ein endgültiges Ergebnis zu erhalten, d. h. um auch die Gitterkonstante berechnen zu können, benötigt die LAUE-Methode ergänzende Aufnahmen mit Röntgenstrahlen eines anderen Wellenbereiches und eventuell auch bei anderer Kristallorientierung in Bezug auf den Primärstrahl. Unter solchen veränderten Versuchsbedingungen können im Diagramm Schwärzungspunkte sowohl verschwinden als auch neu hinzutreten, woraus sich dann endgültige Schlußfolgerungen ziehen und die Gitterkonstanten berechnen lassen. Da aber andere Methoden zur Bestimmung der Gitterkonstanten sich besser eignen, erübrigt es sich, noch weiter darauf einzugehen. Dafür geben die LAUE-Aufnahmen durch die übersichtliche Verteilung der Schwärzungspunkte die Symmetrieeigenschaften der Kristalle am besten wieder und führen, ganz außergewöhnliche Fälle ausgenommen, ohne weiteres zu einer eindeutigen Einordnung von Kristallen in das System der Kristallklassen.

Die Pulvermethode von DEBYE und SCHERRER. Wir haben gesehen, daß die Unkenntnis der wirksamen Wellenlänge, welche einen Schwärzungspunkt erzeugt, die Indizierung einer Röntgenaufnahme erschwert und die Bestimmung der Gitterkonstanten sogar unmöglich macht. Man erzielt daher schon einen wesentlichen Fortschritt, wenn man *einfarbiges* Röntgenlicht *bekannter* Wellenlänge benutzt. Allerdings muß dann die Richtung der Primärstrahlen der vorgegebenen Wellenlänge angepaßt werden, damit überhaupt Sekundärstrahlen auftreten können: Für jeden Sekundärstrahl müssen die Primärstrahlen eine andere Richtung haben. Das technische Problem, die Einstrahlungsrichtung kontinuierlich zu variieren, erwies sich anfangs als schwer lösbar. An das Herumschwenken der Röntgenröhre war nicht zu denken, aber auch alle Vorrichtungen, den Kristall um zwei zueinander senkrechte Achsen zu drehen, genügten nicht, weil es unvermeidlich war, daß einzelne Teile der Haltevorrichtung von den Röntgenstrahlen getroffen wurden, und die dabei auftretende Sekundärstrahlung das Diagramm in unübersehbarer Weise fälschte.

Einen genial anmutenden Ausweg aus diesem Dilemma fanden DEBYE und SCHERRER. An Stelle von kompakten Kristallen verwenden sie Präparate aus feinkörnigem Kristallpulver. Das Pulver wird in schmale Glasröhrchen aus LINDEMANN-Glas gefüllt, ein Glas, welches für Röntgenstrahlen fast ganz durchlässig ist. Das Pulver kann auch mit irgendeinem Leim auf die Oberfläche eines feinen Glasfadens oder Borstenhaares in dünner Schicht aufgetragen werden. Die Pulverkörner haben gegenüber der in einer festen Richtung auftreffenden Strahlung alle nur möglichen verschiedenen Lagen; die Wahrscheinlichkeit, daß einige der Kristallite gerade eine solche Lage einnehmen, bei der den Interferenzbedingungen genügt wird, ist um so größer, je mehr Kristallite vorhanden sind, d. h. je feinkörniger das Pulver ist. Um die Wahrscheinlichkeit des Eintreffens der günstigen Bedingungen noch zu erhöhen, werden die Präparate um ihre Längsachse gedreht; diese Drehung um *eine* Achse allein kann nämlich leicht so eingerichtet werden, daß die Haltevorrichtung von den Röntgenstrahlen nicht getroffen wird. Die Primärstrahlung umspült das Präparat in seiner ganzen Breite und die entstehenden Sekundärstrahlen hinterlassen ihre Spuren auf Filmen, die an der Wand zylindrischer, mit dem Präparat koaxialer Kammern befestigt sind. Als Meßergebnis erhält man auch hierbei die Ablenkungswinkel ϑ. Bevor wir jedoch zur Auswertung solcher Diagramme übergehen, soll wieder — wie bei der ersten Methode — zuerst eine Aufgabe durchgerechnet werden, in der die Bestimmung der Ablenkungswinkel bei einem bekannten Kristall gefordert wird.

Aufgabe 23. Homogene Röntgenstrahlen, deren Wellenlänge $\lambda = 2$ Å beträgt, fallen senkrecht auf ein Glasröhrchen mit feinkörnigem Kristallpulver. Die Gitterkonstante der kubischen Kristallite ist $a = 4$ Å. Gesucht werden die Ablenkungswinkel der Sekundärstrahlen, die senkrecht zur Präparatachse in der Ebene durch den Primärstrahl (Äquatorialebene) liegen.

Antwort. Wir denken uns das Präparat so angeordnet, daß seine Längsachse horizontal verläuft. Die Röntgenstrahlen fallen auf das Präparat lotrecht von oben, entgegen dem Richtungssinn der nach oben gerichteten y-Achse (Abb. 37). Die z-Achse fällt dann mit der Längsachse des Präparates zusammen. Ferner machen wir die xy-Ebene zur Aufrißebene und entwerfen Grundriß und Aufriß des reziproken Gitters für ein solches Korn, dessen Achsen mit den soeben festgelegten Koordinatenachsen übereinstimmen. Diese Anordnung ergibt dann auf beiden Rißebenen wiederum gleiche quadratische Kreuzgitter. Zum Unterschied von der vorhergehenden Aufgabe haben wir es jetzt nur mit einer einzigen Ausbreitungskugel zu tun, deren Halbmesser und Mittelpunkt durch die Angabe $\lambda = 2$ Å festgelegt ist.

Da die Kristallite infolge Pulverisierung und Drehung *jede* beliebige Lage im Raum einnehmen können, darf auch das reziproke Gitter nicht in seiner Lage verharren, sondern muß als ganz beliebig um den Ursprung drehbar angenommen werden. Durch solche Drehungen können wir dann die Gitterpunkte mit der Ausbreitungskugel zur Koinzidenz bringen: Alle übrigen Gitterlagen verursachen bei der gegebenen Wellenlänge und Einfallsrichtung der Strahlen keine Sekundärstrahlen. Da nach dem Wortlaut der Aufgabe nur nach den Sekundärstrahlen in der xy-Ebene gefragt wird, betrachten wir zunächst nur die Gitterpunkte, die bereits bei

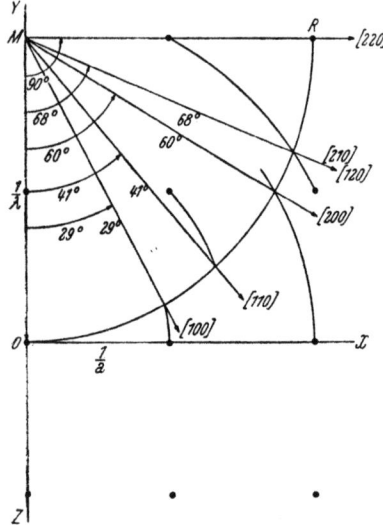

Abb. 37. Konstruktion der Ablenkungswinkel eines *kubischen* Kristallpulvers (Aufgabe 23. $\lambda = 2$ Å; $a = 4$ Å). Die reziproken Größen $\frac{1}{a}$ und $\frac{1}{\lambda}$ sind mit Hilfe des Nomogramms eingetragen. Kreisbögen um O als Zentrum schneiden den Aufriß OR des Quadranten der Ausbreitungskugel. Die Fahrstrahlen aus M durch die Schnittpunkte geben die Richtung der in der Aufrißebene (xy-Ebene) liegenden Sekundärstrahlen an. Vgl. Tab. 10.

der angenommenen Ausgangslage des reziproken Gitters in dieser Ebene liegen (Abb. 37). Einer von ihnen befindet sich schon zufällig auf dem Aufrißkreis der Ausbreitungskugel. Wir erhalten daher ohne weiteres den Sekundärstrahl [2 2 0]. Die übrigen Gitterpunkte in der Aufrißebene (xy) bringen wir durch eine Drehung um 0 zur Koinzidenz mit dem Aufriß der Ausbreitungskugel und erhalten so die Sekundärstrahlen [1 0 0], [1 1 0], [2 0 0], [2 1 0] und [1 2 0]. Die beiden letzten Strahlen fallen zusammen, da in einem kubischen Gitter alle drei Achsen gleichwertig sind und die Indexzahlen daher vertauscht werden können. Der dritte allen Strahlen gemeinsame Index 0 zeigt an, daß die entsprechenden Strahlen in der xy-Ebene liegen. Die Ergebnisse dieser Konstruktion finden wir in Tab. 10, die in der dritten Kolonne die nach (III, 9) $\sin \dfrac{\vartheta}{2} = \dfrac{1}{4} \cdot \sqrt{\Sigma h^2}$ berechneten Werte enthält.

Aufgabe 24. Bei denselben Bedingungen wie in Aufgabe 23 sollen die Sekundärstrahlen im Raume vor der Aufrißebene bestimmt werden.

Antwort. Wir nehmen die Gitterpunkte außerhalb der xy-Ebene vor, deren dritter Index 1 oder 2 ist. Hier muß man die Gittervektoren zuerst um die y-Achse in die Aufrißebene hineindrehen, bevor man den Gitterpunkt auf die Ausbreitungskugel bringt. Dabei beschreibt der Punkt A' (Abb. 38) einen Kreisbogen $A'\,B'$. Eine Senkrechte zur x-Achse (Riß-Achse) führt zum Punkt (A) in der gleichen Höhe mit A''. So erhält man die wahre Länge $O\,(A)$ des Vektors $O\,A$, mit dem dann der Sekundärstrahl [1 1 1] wie bisher konstruiert wird. In der Abb. 38

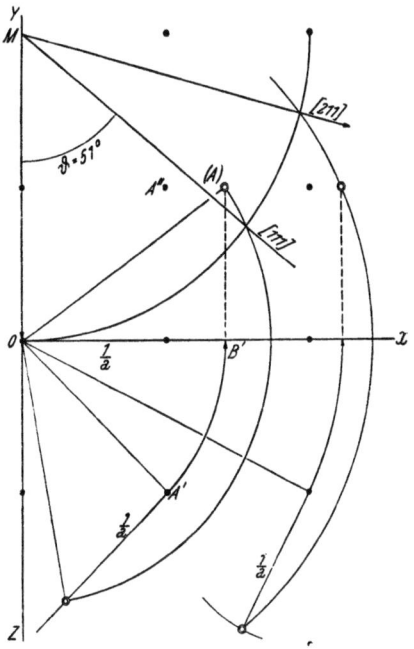

Abb. 38. Ergänzung zu Abb. 37. Konstruktion der Sekundärstrahlen, welche bei der angenommenen Ausgangslage des Gitters nicht in der xy-Ebene liegen.

Tabelle 10.

Koordinaten des Gitterpunktes	Ablenkungswinkel	
	aus der Zeichnung	berechnet
2 2 0	90°	90° —
1 0 0	29	28 56'
1 1 0	41	41 20
2 0 0	60	60 —
1 2 0	68	67 50

5 a

ist ergänzend auch die Bestimmung der wahren Größe des Vektors durch Umklappen in die Grundrißebene (xz) gezeigt. In jedem Fall ergeben Kreisbögen um O mit der wahren Länge des Vektors als Halbmesser die gesuchten Schnittpunkte mit dem Aufriß der Ausbreitungskugel und damit die Ablenkungswinkel der Sekundärstrahlen: Für [1 1 1] ist $\vartheta = 51°$ (ber. 51° 20') und für [2 1 1] — $\vartheta = 75,5°$ (75° 28') usw.[1]

Das Aussehen der Pulverdiagramme. Wenn wir die beiden letzten Abbildungen in Gedanken um den Primärstrahl als Achse rotieren lassen, erhalten wir ohne weiteres alle Sekundärstrahlen, die überhaupt im Raum entstehen können; dabei beschreiben die Strahlen der xy-Ebene koaxiale Kegel. Diese sind den Streukegeln der Liniengitter ähnlich, entstehen aber aus ganz anderen Ursachen, da sie statt der Gittergeraden den *Primärstrahl* als gemeinsame Achse haben. Sie erzeugen auf einer senkrecht zur Einstrahlungsrichtung orientierten Platte Kreisspuren und auf einem zylindrisch um den Kristall angeordneten Film ellipsenähnliche Kurven vierter Ordnung. Jeder dieser Kurven entspricht nur ein Ablenkungswinkel und deshalb kann man die Untersuchung auf *eine* Schnittebene beschränken. Die Äquatorialebene ist dazu am geeignetsten. Nur die in ihr liegenden Strahlen durchsetzen den Film senkrecht und die hinterlassenen Schwärzungsspuren sind daher bei ihnen auch am schärfsten. Aus den Schwärzungspunkten entsteht in einer jeden Richtung gewissermaßen ein Bild des Kristalls, denn die parallelen Sekundärstrahlen gehen von zahlreichen über das ganze Präparat verteilten Kristalliten (gleicher Orientierung) aus. Die ellipsenartigen Schwärzungskurven bestehen daher aus einer Überlagerung solcher Bilder. Damit das in die Äquatorialebene fallende Bild scharf ausfällt, macht man die Präparate so dünn als irgend möglich. Weiter vom Äquator entfernt nimmt die Breite der Schwärzungskurven infolge der Überlagerung zu[2]. Nur in der Äquatorialebene ist ihre Linienbreite gleich dem Durchmesser des Präparates. Dies ist ein weiterer Grund für die Bevorzugung der Äquatorialebene bei der Bestimmung der Ablenkungswinkel.

Die Anwendung der Pulveraufnahmen. Wir gehen nun zur Bestimmung der Gitterkonstanten nach der Pulvermethode von

---

[1] Um die Zeichnung übersichtlich zu erhalten, wird davon abgesehen, alle im Oktanten mögliche Sekundärstrahlen zu konstruieren.

[2] Vergleiche dazu die Linie 111 auf Abb. 39.

Die Anwendung der Pulveraufnahmen.

DEBYE und SCHERRER über, und beschränken uns dabei wiederum auf die kubischen Raumgitter. Da homogenes Röntgenlicht benutzt wird, kennt man außer den erhaltenen Ablenkungswinkeln auch noch die Wellenlänge. Doch genügen diese Angaben noch nicht, um mit der Formel von BRAGG aus der Ablenkung *eines* Sekundärstrahles die Gitterkonstante zu erhalten, da die Lage der Pulverkörner und damit auch die $h\,k\,l$-Werte unbekannt

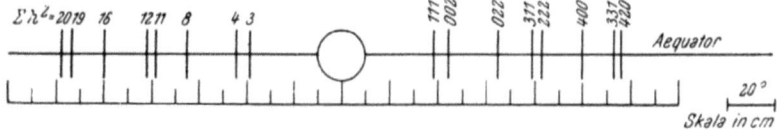

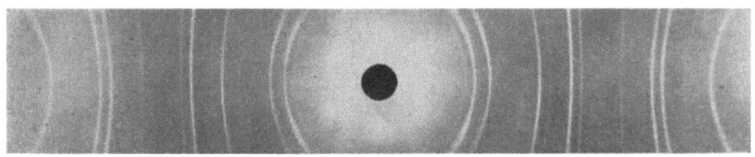

Abb. 39. Röntgendiagramm eines flächenzentrierten kubischen Kristallgitters. Darunter eine DEBYE-SCHERRER-Aufnahme von Al ($Cu - K_\alpha$-Strahlung, Kammerdurchmesser 57,3 mm). Indextripel, in denen Paarzahlen und Unpaarzahlen gemischt sind, treten hier nicht auf (vgl. S. 80). Die äußersten Linien der Aufnahme wurden wegen ihrer Breite nicht mehr zur Berechnung herangezogen. (Hier macht sich bemerkbar, daß die $Cu - K_\alpha$-Strahlung aus zwei Strahlungen, α_1 und α_2, mit einem ganz geringen Unterschied in der Wellenlänge besteht.) Mit dem im selben Verhältnis wie die Aufnahme verkleinerten Maßstab erhält man die erste Kolonne der Tab. 11.

bleiben. Man gelangt zur Indizierung der Sekundärstrahlen nur durch eine vergleichende Analyse *aller* sich aus dem Diagramm ergebenden Ablenkungswinkel. Wie das geschieht, soll an einem Beispiel erläutert werden:

Aufgabe 25. Gegeben ist das Röntgendiagramm von Al-Pulver (Abb. 39). Die Wellenlänge der verwendeten Strahlung (K-Strahlen einer Cu-Anode) beträgt $\lambda = 1,54\,A$ und der Durchmesser der zylindrischen Filmkammer 57,3 mm. Gesucht wird die Gitterkonstante des Al.

Antwort. Die Lösung dieser Aufgabe zerfällt in drei Teile.

1. Zuerst müssen die Ablenkungswinkel bestimmt werden: Da der Durchmesser der Kammer 57,3 mm beträgt und $57,3 \cdot \pi = 180$ mm ist, entspricht 1 mm auf dem Film gerade $2°$. Die Mitte des Film-

streifens ist nicht fixiert, da der Film an dieser Stelle durchlocht wird, damit die intensiven Primärstrahlen durch eine „Hof"-Bildung die Aufnahme nicht verderben. Deshalb mißt man den Abstand zweier zur Mitte symmetrisch liegender Linien, z. B. 38,4 mm für [111]. Die Hälfte dieses Abstandes ergibt direkt den Glanzwinkel $\theta = \frac{\vartheta}{2}$ in Graden (19,2°)[1]. Zu dem Glanzwinkel hat man dann den sin aufzusuchen und zu quadrieren. Noch bequemer ist es eine Tafel zu benutzen, in der die Werte von $\sin^2 \vartheta$ tabelliert sind.

In Tab. 11 sind in der ersten Kolonne die erhaltenen Glanzwinkel und in der zweiten deren $\sin^2$ angeführt.

Tabelle 11.

$\frac{\vartheta}{2}$	$\sin^2 \frac{\vartheta}{2} \cdot 10^3$	Provisorische Quotienten	Summe der Quadrate	h k l	Angenäherte Werte des gemeinsamen Teilers
19,2	108	3,00	3	1 1 1	36,0 10^{-3}
22,2	143	3,97	4	0 0 2	35,7
32,5	289	8,03	8	0 2 2	36,1
39,2	399	11,09	11	1 1 3	36,3
41,0	430	11,95	12	2 2 2	35,8
49,7	582	16,16	16	0 0 4	36,4

2. Wir benutzen die BRAGGsche Gleichung in folgender Form:

$$\sin^2 \frac{\vartheta}{2} = \frac{\lambda^2}{4\,a^2} \cdot (h^2 + k^2 + l^2). \qquad (III, 10)$$

Die Werte der zweiten Kolonne der Tab. 11 sind dann alles Produkte zweier Zahlen, von denen die eine $\frac{\lambda^2}{4\,a^2}$ konstant und die andere, die Summe in der Klammer, ganzzahlig ist. Daraus folgt, daß die $\sin^2$-Werte einen gemeinsamen Teiler haben müssen. Der kleinste Wert 108 kommt, wie man sieht, als Teiler nicht in Frage. In vielen Fällen bewährt sich aber der größte gemeinsame Teiler der ersten beiden Werte auch bei allen übrigen Werten. Dieser beträgt hier annähernd 36. Um die Verwendbarkeit dieser Zahl

---

[1] Bei der Errechnung des Glanzwinkels aus dem Ablenkungswinkel hebt die Division durch 2 die vorhergehende Multiplikation wieder auf; daher ergibt in der Abb. 39 die Ablesung der Ablenkung in mm direkt den Glanzwinkel in Graden.

zu prüfen, teilen wir alle sin²-Werte durch 36 und erhalten so die provisorischen Quotienten (3. Spalte). Die Bezeichnung „provisorisch" soll darauf hinweisen, daß diese Zahlen noch nicht den endgültigen Wert von $(h^2 + k^2 + l^2)$ angeben, denn dieser muß ganzzahlig sein. Die Abweichungen von der Ganzzahligkeit sind eine Folge unvermeidlicher Versuchsfehler. Nun liegen aber die „provisorischen" Quotienten in der Nähe ganzer Zahlen; diese stellen mit großer Wahrscheinlichkeit die richtigen Werte von $(h^2 + k^2 + l^2)$ dar und sind deshalb in die Kolonne 4 der Tab. 11 aufgenommen. Die Einzelwerte der Indices $h\,k\,l$ erhält man mit Hilfe der Tab. 12.

Tabelle 12.

$h\ k\ l$	Σh^2
0 0 1	1
0 1 1	2
1 1 1	3
0 0 2	4
0 1 2	5
1 1 2	6
0 2 2	8
0 0 3, 1 2 2	9
0 1 3	10
1 1 3	11
2 2 2	12
0 2 3	13
1 2 3	14

3. Jetzt können wir mit den erhaltenen Werten der Summe $(h^2 + k^2 + l^2)$ zur Berechnung der Gitterkonstanten übergehen. Dividiert man die Zahlen der Kolonne 2 durch die der Kolonne 4 (Tab. 11), so erhält man für den Ausdruck $\dfrac{\lambda^2}{4\,a^2}$ voneinander abweichende Werte, unter denen man den günstigsten aussuchen muß. Da die durch die Messung verursachten Fehler der $\sin^2\dfrac{\vartheta}{2}$-Werte annähernd gleich sind, ist die Genauigkeit der Zahlen in der letzten Kolonne um so größer bzw. deren relative Fehler kleiner, je größer der Divisor (Kolonne 4) ist. Eine einfache Mittelwertbildung ist daher nicht zulässig. Man beschränkt sich darauf, die Gitterkonstante aus dem größten Ablenkungswinkel zu berechnen, indem man hier 0,0364 als günstigsten Wert für $\dfrac{\lambda^2}{4\,a^2}$ annimmt. So erhält man $a = \dfrac{\lambda}{2\sqrt{0{,}0364}} = \dfrac{0{,}77}{0{,}191} = 4{,}03\,A$ als Gitterkonstante des Al.

Die Bestimmung der Art der Elementarzellen im kubischen Raumgitter. Häufiger als die einfachen kubischen Gitter kommen kubische Gitter mit einer Basis vor (vgl. Kap. I, S. 25). Man unterscheidet flächenzentrierte und raumzentrierte Raumgitter mit Basis, je nachdem sich zusätzliche Gitterpunkte in der Mitte der Seitenflächen oder in der Mitte des Raumes der Elementarzelle befinden. Manche Sekundärstrahlen, die beim einfachen Raumgitter auftreten, fallen beim Raumgitter mit Basis aus. Ein solches „Verschwinden" von Sekundärstrahlen tritt dann ein, wenn sich bei einer bestimmten Strahlenrichtung durch die zusätzlichen Gitterpunkte Wegdifferenzen mit den Punkten des ein-

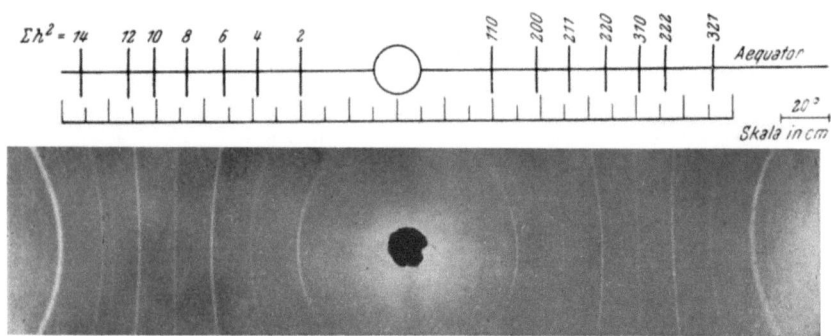

Abb. 40. Röntgendiagramm eines raumzentrierten kubischen Kristallgitters. Darunter eine DEBYE-SCHERRER-Aufnahme von W ($Cu - K_\alpha$-Strahlung, Kammerdurchmesser 57,3 mm). Die Quersummen aller Indextripeln sind Paarzahlen. Die Summen der Quadrate der Indexzahlen nehmen regelmäßig zu. Deshalb ist auch die Verteilung der Schwärzungslinien bzw. der Sekundärstrahlen eine viel regelmäßigere als beim flächenzentrierten kubischen Kristallgitter (Abb. 39). Eine Berechnung wie in Aufg. 25 liefert die Gitterkonstante des Wolframs (3,1 Å).

fachen kubischen Gitters ergeben, die eine ungerade Anzahl halber Wellenlängen enthalten. Geht man in einem einfachen kubischen Raumgitter von einem Gitterpunkt zu einem weiter entfernten über, indem man auf jeder der drei Achsenrichtungen je einen Schritt zum Nachbaratom hin macht, so addieren sich die Wegdifferenzen, die sich bei den einzelnen Schritten ergeben. In einer jeden Richtung haben diese Wegdifferenzen andere Werte, nur für die Richtungen der Sekundärstrahlen müssen alle drei Wegdifferenzen ganze Vielfache von λ sein: nämlich $h\lambda$, $k\lambda$ und $l\lambda$. Die Wegdifferenz $(h + k + l)\lambda$ der beiden ins Auge gefaßten Punkte ist dann natürlich auch gleich einer ganzen Zahl von Wellenlängen. Tritt nun zum einfachen kubischen

Elementarzellen im kubischen Raumgitter.

Gitter noch ein Gitterpunkt mit den Koordinaten $\frac{1}{2}, \frac{1}{2}, \frac{1}{2}$ in der Mitte des Würfels hinzu, so ergibt sich für diesen Zusatzgitterpunkt — wieder in bezug auf denselben Ausgangspunkt — die Wegdifferenz $\frac{1}{2}(h+k+l)\lambda$. Dieser Punkt schließt sich also der Übereinstimmung der anderen Gitterpunkte an, wenn $h+k+l$ eine Paarzahl ist, und stört die Übereinstimmung, wenn $h+k+l$ eine Unpaarzahl ist. Daher fehlen unter den Strahlen eines raumzentrierten kubischen Gitters (Abbildung 40) immer die Strahlen, bei denen die Summe der drei Indexzahlen eine ungerade Zahl ergibt: [0 0 1], [1 1 1], [0 2 1] usw.

Um die entsprechenden Bedingungen für das flächenzentrierte kubische Raumgitter zu erhalten, denkt man sich dieses am besten aus vier einfachen kongruenten und parallelen Gittern aufgebaut.

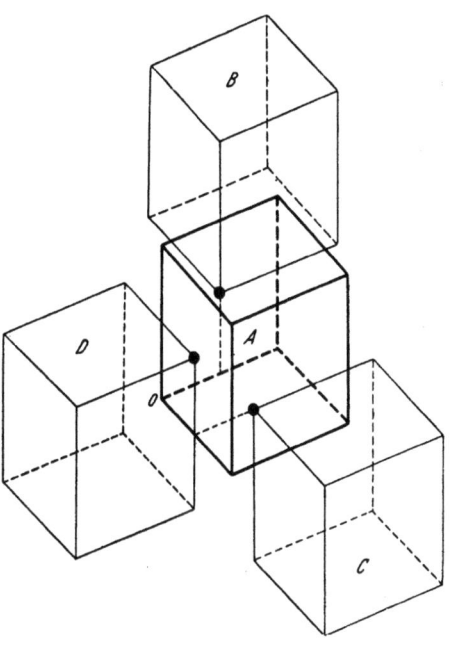

Abb. 41. Die Zusammensetzung eines flächenzentrierten kubischen Gitters aus vier einfachen kubischen Gittern. In das einfache kubische Gitter A mit dem Ursprung O sind die drei kongruenten Gitter B, C und D so eingefügt, daß ihre Gitterpunkte in die Mitte der Seitenflächen des Elementarwürfels A fallen.

Diese vier Gitter sind derart ineinandergestellt, daß man von einem dieser Gitter, zum Beispiel dem Gitter A, ausgehend, die Mitten der Würfelflächen dieses Gitters mit Atomen der drei anderen Gitter (B, C, D, s. Abb. 41) belegt findet. Wählen wir von dem Gitter A einen Gitterpunkt O als Ursprung, so kommt man vom Punkt O zu den am nächsten liegenden Gitterpunkten der Gitter B, C und D durch eine Translation um je eine halbe Flächendiagonale in jeder der in Abb. 41 angedeuteten Würfelflächen des einfachen Gitters A.

Nun zerlegt man jede dieser Translationen in zwei Schritte oder Verschiebungen um eine halbe Gitterkonstante a entlang den Kanten der Elementarzelle des Gitters A. Dann kann man für jede beliebige Strahlenrichtung $h\,k\,l$, in der sich die Strahlungen der Atome des einfachen Gitters verstärken, die zusätzlichen Wegdifferenzen zwischen den Atomen des A-Gitters und den Atomen der Gitter B, C und D angeben. Beträgt die Wegdifferenz von benachbarten Atomen des einfachen A-Gitters in der x-Richtung nach (I, 4) $h\,\lambda = a \cdot (\cos \alpha - \cos \alpha_0)$, so tritt zwischen dem A- und B-Gitter infolge der Verschiebung um eine halbe Gitterkonstante eine zusätzliche Wegdifferenz $\frac{1}{2} h\,\lambda$ hinzu. Entsprechend ist bei einem halben Schritt in der y-Richtung $\frac{1}{2} k\,\lambda$ die weitere zusätzliche Wegdifferenz. Das ergibt zusammen für den Gitterpunkt des B-Gitters $\frac{1}{2}(h+k)\,\lambda$. In analoger Weise erhalten wir die zusätzlichen Wegdifferenzen für die beiden anderen Gitter C und D zu $\frac{1}{2}(k+l)\,\lambda$ und $\frac{1}{2}(l+h)\,\lambda$. Man erhält vom flächenzentrierten Gitter nur diejenigen Sekundärstrahlen des einfachen Gitters (A), für die alle drei dieser errechneten zusätzlichen Wegdifferenzen ein ganzes Vielfaches von λ ergeben. Der Sekundärstrahl fällt im flächenzentrierten Gitter aus, wenn auch nur eine von ihnen eine ungerade Zahl von $\frac{\lambda}{2}$ ergibt, trotzdem er im einfachen Gitter möglich wäre. Es müssen also alle die drei Ausdrücke $(h+k)$, $(k+l)$ und $(l+h)$ Paarzahlen ergeben, damit das flächenzentrierte Gitter einen Sekundärstrahl liefern kann. Das ist, wie leicht ersichtlich, nur dann der Fall, wenn alle drei Indices entweder gerade oder alle drei ungerade Zahlen sind. Die Wahl der $h\,k\,l$ ist also nicht mehr ganz beliebig, denn „gemischte" Indextripel liefern bei flächenzentrierten kubischen Gittern keine Sekundärstrahlen (vgl. Abb. 39).

Die Drehkristallmethode[1]. Man verwendet bei der Drehkristallmethode kompakte Kristalle wie v. LAUE und homogene Röntgenstrahlung wie DEBYE und SCHERRER. Ein möglichst kleiner Kristall wird auf einer Drehachse befestigt und mit Hilfe von

---

[1] Erfunden 1913 von DE BROGLIE, weiter entwickelt von SEEMANN, SCHIEBOLD u. a.

Zentriervorrichtungen so eingestellt, daß eine seiner kristallographischen Achsen mit der Drehachse zusammenfällt. Die Röntgenstrahlen *umspülen* den Kristall; deswegen erhält man Schwärzungs*bilder* des Kristalls wie von den Präparaten von DEBYE-SCHERRER und nicht Schwärzungs*punkte* wie bei den großen Kristallen, mit denen v. LAUE arbeitete. Wenn der Kristall durch die Drehung in eine Lage kommt, bei der die Bedingungen für eine Netzebenenschar erfüllt sind, wird der zylindrische Film von den Sekundärstrahlen des Kristalls getroffen. Durch Überlagerung vieler bei andauernder Rotation auf dieselbe Stelle des Films auftreffender ,,Röntgenblitze" entstehen auf ihm als Schwärzungsbilder des Kristalls kleine Schwärzungsstriche. Diese liegen nicht nur auf der Äquatoriallinie sondern auch noch in getrennten Streifen oder Schichten über und unter ihr. Deshalb nennt man solche Aufnahmen Schichtliniendiagramme und numeriert die Schichtlinien in bezug auf die Äquatoriallinie, die man auch als 0-te Schichtlinie bezeichnet. Den Winkel μ, um den eine Schichtlinie — vom Kristall aus gesehen — über die Äquatorial- oder Mittellinie gehoben erscheint, nennt man den Schichtwinkel. Wir wollen die Entstehung eines Schichtliniendiagramms an der Hand einer Aufgabe verfolgen.

Aufgabe 26. Ein kubischer Kristall ($a = b = c = 4$ Å) dreht sich um eine zur Würfelkante parallele Achse und wird dabei mit Röntgenstrahlen $\lambda = 2$ Å senkrecht zu der Drehachse beleuchtet. Gesucht wird der Schichtwinkel μ der Sekundärstrahlen der ersten Schichtlinie.

Antwort. Wir nehmen an, daß die Drehachse horizontal liegt und mit der z-Achse zusammenfällt, die wie bisher (S. 63) in den Raum nach vorne zeigt (Abb. 42). In der Zeichenebene liegt also die xy-Ebene und die Primärstrahlen fallen von oben entgegen der Richtung der y-Achse ein. Auch die Ausgangslage des *reziproken* Gitters sei dieselbe wie bisher, aber nur die in den drei Begrenzungsebenen des Oktanten liegenden Gitterpunkte und der Punkt 1 1 1 sind eingezeichnet. Bei der Drehung des Kristalls beschreiben alle Gitterpunkte Kreise um die z-Achse und kommen so zum Teil auf die Oberfläche der Ausbreitungskugel, deren Schnitt mit der xy-Ebene durch den Kreisbogen $O R$ dargestellt wird. Die in der xy-Ebene liegenden Gitterpunkte mit dem dritten Index $z = 0$ kommen zur Koinzidenz mit der Ausbreitungskugel, wenn sie bei der Drehung um den Ursprung 0 den Kreisquadranten OR berühren. Die damit erhaltenen Sekundärstrahlen [1 0 0]; [1 1 0]; [2 0 0]; [2 2 0] und [1 2 0] sind mit den *entsprechenden* Sekundärstrahlen in der Äquatorialebene des Pulverdiagramms (Abb. 37) identisch und sind deshalb in die Abb. 42 nicht aufgenommen. Alle Gitterpunkte, deren dritter Index nicht 0 ist, liegen außerhalb der xy-Ebene; bei dem für die Abbildung gewählten Oktanten liegen sie im Raum vor der Zeichenebene. Da diese Gitterpunkte bei der Drehung des Raumgitters um die z-Achse wohl auf die Ausbreitungskugel, aber niemals auf die xy-Ebene gelangen können, führen sie zu Sekundärstrahlen, die ebenfalls in den Raum vor die Zeichenebene hineinragen. Diese Sekundärstrahlen erzeugen die Schichtlinien. Um die Strahlen zu

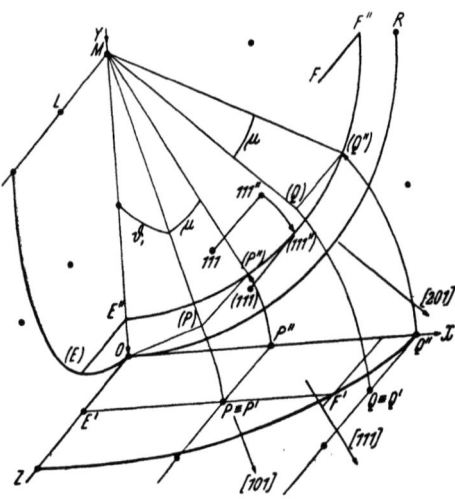

Abb. 42. Die Anwendung des reziproken Gitters bei der Drehkristallmethode. OR ein Quadrant des Großkreises der „Ausbreitungskugel". $E''F''$ Projektion des Schnittkreises der Gitterebene (0 0 1) mit der „Ausbreitungskugel" auf die xy-Ebene. Bei der Drehung um die z-Achse beschreibt der Gitterpunkt $P \equiv P'$ einen Kreisbogen $P\,(P)$ um E' als Zentrum. Seine Projektion auf die Aufrißebene, der Punkt P'', beschreibt einen gleichgroßen Kreisbogen $P''\,(P'')$ um O als Zentrum. Durch die Drehung wird der Gitterpunkt P in den Punkt (P) auf der Ausbreitungskugel gebracht und man erhält den Sekundärstrahl [1 0 1]. Es sind $a = 4$ Å; $\lambda = 2$ Å. Der Schichtwinkel der ersten Schichtlinie ist $\sphericalangle (P) M (P'') = \sphericalangle (Q) M (Q'') = \mu$.

konstruieren, welche die I-Schichtlinie ergeben, betrachten wir die Gitterpunkte mit dem Index 1 an dritter Stelle: $P\,(1\ 0\ 1)$, $Q\,(2\ 0\ 1)$ usw. Wir legen durch sie eine zur xz-Ebene senkrechte Ebene, die im Abstand $\dfrac{1}{a}$ parallel zur xy-Ebene liegt und die Ausbreitungskugel in einem Kreis mit dem Halbmesser $E'F'$ schneidet. Der Kreisbogen $E''F''$ ist die Parallelprojektion eines Quadranten des Schnittkreises auf die xy-

Ebene. Wir greifen nun den Gitterpunkt $P \equiv P'$ (101) heraus und suchen seine Lage (P) auf der Ausbreitungskugel, in die er bei der Rotation gelangt. Die Projektion P'' des Punktes P auf die xy-Ebene beschreibt bei der Rotation einen Kreisbogen um O mit dem Radius OP'', der den Kreisbogen $E''F''$ in (P'') schneidet. Mit diesem Kreisbogen erhält man die Projektion (P'') der gesuchten Punktlage (P) auf die xy-Ebene. Von (P'') aus kann man (P) auf verschiedenen Wegen konstruieren. Am einfachsten ist es, wenn man die Strecke $(P)(P'')$ parallel und gleich PP'' macht. Aber auch die Drehungsbögen $P''(P'')$ und $P(P)$ sind einander gleich. Die Gerade $M(P)$ gibt dann im Schrägriß die Richtung des Sekundärstrahles [1 0 1] an; er bildet mit dem Primärstrahl den Winkel $OM(P) = \vartheta_1$ und mit $M(P'')$ den Schichtwinkel $(P)M(P'') = \mu$.

Ganz analog wird der Sekundärstrahl [2 0 1] konstruiert; der Ablenkungswinkel ϑ_2 (nicht bezeichnet) ist größer als ϑ_1, aber die Neigung der beiden Strahlen in bezug auf die xy-Ebene ist die gleiche: $(Q)M(Q'') = (P)M(P'') = \mu$. Um die Übersichtlichkeit der Zeichnung nicht zu stören, ist die Konstruktion des Sekundärstrahles [1 1 1] nur andeutungsweise eingetragen: Der Punkt 1 1 1 liegt in einer Ebene um $\frac{1}{a}$ oder $z = 1$ vor der Zeichenebene; seine Projektion auf die xy-Ebene ist 1 1 1''. Von diesem Punkt der Zeichenebene kommt man mit einem Kreisbogen um O zum Projektionspunkt (1 1 1'') auf dem Kreisquadranten $E''F''$. Von (1 1 1'') aus findet man, wie in den vorhergehenden Fällen, die Lage (1 1 1), welche der Punkt 1 1 1 nach der Drehung auf der Ausbreitungskugel erreicht, und damit die Richtung des Sekundärstrahles [1 1 1]. Der Schichtwinkel ist wiederum derselbe.

Diese Konstruktion gilt für alle Gitterpunkte der erwähnten projizierenden Ebene, soweit sie bei der Drehung des Kristalls auf die Ausbreitungskugel kommen. Nur die so erhaltenen Sekundärstrahlen führen zu den Schwärzungsstrichen auf der ersten Schichtlinie und haben, wenn die z-Achse Drehachse ist, den Index 1 an dritter Stelle. Wenn die Wellenlänge im Verhältnis zum Gitterabstand klein genug ist, treten außer der ersten Schichtlinie weitere Schichtlinien auf; für diese gilt ebenfalls, daß der dritte Index mit der Nummer der Schichtlinie übereinstimmt. Man erkennt auf der Abb. 42, daß die Durchstoßpunkte (1 1 1), (P) und (Q) durch die Ausbreitungskugel für alle Sekundärstrahlen der ersten Schichtlinie auf einem Kreis durch die Punkte F, (Q), (1 1 1), (P) und E liegen, dessen Zentrum in L liegt und dessen Projektion auf die xy-Ebene $E''\,F''$ ist. Die erhaltenen Sekundärstrahlen liegen daher alle auf einem Kegelmantel, dessen Spitze in M liegt und dessen Öffnungswinkel $90 - \mu$ ist. POLANYI legt nun um das Präparat, das man sich in M konzentriert denken muß, einen Zylinderfilm, dessen Achse mit der Drehachse übereinstimmt. Dieser Zylinder wird von dem Kegelmantel in einer zum Äquator parallel verlaufenden Kreislinie geschnitten. Die Schwärzungsstriche liegen also auf einer zum Äquator parallelen Linie (Schichtlinie), wenn man den Film in die Ebene abrollt.

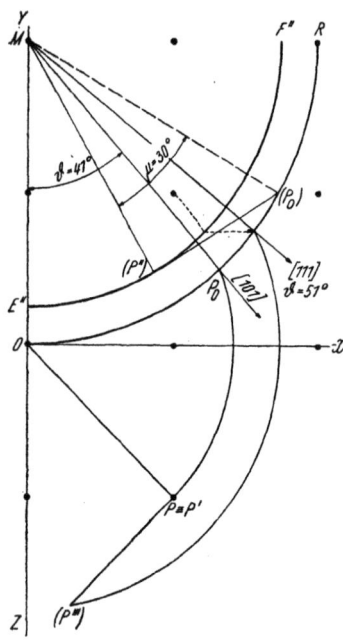

Abb. 43. Graphische Bestimmung des Ablenkungswinkels ϑ und des Schichtwinkels μ. Die Punkte (P) und (P″) der Abb. 42 fallen hier im Punkt (P″) zusammen. Dreht man den Strahl M(P) (siehe Schrägriß) in die xy-Ebene hinein, so bewegt sich $(P'') \equiv (P)$ parallel zur x-Achse in die Lage P_0. Noch leichter findet man P_0 mit einem Kreisbogen, da $OP = OP_0$. Um den Schichtwinkel zu erhalten, klappt man das rechtwinklige $\triangle M(P)(P'')$ (siehe Schrägriß Abb. 42) um $M(P'')$ als Achse in die xy-Ebene um. Dabei gelangt der Punkt (P) auf einem Kreisbogen auf den Großkreis der Ausbreitungskugel in die Lage (P_0). Da der Punkt (P) den Abstand $\dfrac{1}{a}$ von der Aufrißebene hat, muß $(P'')\,(P_0) = \dfrac{1}{a}$ sein.

Wir gehen nun zur Bestimmung der wahren Größe der Winkel ϑ und μ über. Dazu eignet sich eine Darstellung mit Grundriß und Aufriß (Abb. 43) besser als der bisher benutzte Schrägriß. Im Grundriß dieser Abbildung finden wir für den Strahl [1 0 1] den Gittervektor $OP \equiv OP'$ in wahrer Größe. Daher können wir jetzt den Sekundärstrahl M(P) der Abb. 42 um MO als Achse in die Aufrißebene hineindrehen und den Winkel $\vartheta = OMP_0$ ausmessen: $\vartheta = 41°$. Da der Punkt P bei der Drehung des Kristalls immer gleich weit von 0 entfernt bleibt, muß auch $OP_0 = OP$ sein, und man findet daher P_0 am einfachsten mit Hilfe der Gleichheit dieser Strecken.

Drehen wir dagegen den Sekundärstrahl $M(P)$ der Abb. 42 um $M(P'')$ als Achse in die Aufrißebene, so ergibt sich die wahre Größe des Schichtwinkels μ aus dem Dreieck $(P'')M(P_0)$ und man erhält:

$$\sin\mu = \frac{1}{a} : \frac{1}{\lambda} = \frac{\lambda}{a}. \qquad (III, 11)$$

Die Hypotenuse $M(P_0)$ dieses Dreiecks ist gerade zweimal länger als die Kathete $(P'')(P_0)$; somit beträgt μ hier 30°. Für den zweiten Sekundärstrahl [2 0 1] erhält man in gleicher Weise $\vartheta = 68°$ und für [1 1 1] $\vartheta = 51°$. μ ist wiederum gleich 30°.

Wir haben die Entstehung der Schichtlinie aus der Gleichartigkeit der Konstruktion der Sekundärstrahlen [1 0 1], [2 0 1] und [1 1 1] erklärt: $\sphericalangle (P)M(P'') = \sphericalangle (Q)M(Q'')$ (Abbildung 42). Zu demselben Ergebnis kommt EWALD, dessen Darstellungsweise sich auch GLOCKER anschließt, indem er sich das Raumgitter in Liniengitter parallel zur Drehachse aufgelöst denkt

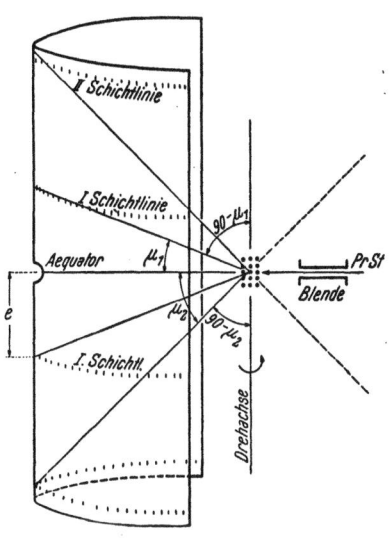

Abb. 44. Die Erklärung der Drehkristallmethode nach EWALD und GLOCKER. Jedes zur Rotationsachse parallele Liniengitter würde für sich allein Sekundärstrahlen erzeugen, die auf einer Doppelkegelfläche liegen und beim Schnitt mit dem Zylinder kontinuierliche Schichtlinien bilden. Durch das Zusammenwirken der großen Zahl von Liniengittern, aus denen das Raumgitter besteht, entsteht an Stelle einer kontinuierlichen Schichtlinie eine durchbrochene Schichtlinie aus einzelnen diskreten „Röntgenbildern" des Kristalls. Man nennt den Winkel μ den Schichtwinkel. Der halbe Öffnungswinkel der Doppelkegel ist dann gleich $90° - \mu$, wie man am angedeuteten Doppelkegel ($90° - \mu_2$) erkennt, e Schichtlinienabstand.

(Abb. 44). Ein jedes dieser Liniengitter erzeugt für sich geschlossene Kegelflächen von Sekundärstrahlen (vgl. S. 25). Unter diesen befindet sich auch die erwähnte Kegelfläche mit dem halben Öffnungswinkel $90 - \mu$, zu dem die Konstruktion mit dem reziproken Gitter führt. Aus dieser Konstruktion ist ersichtlich, daß ein jeder Punkt, der auf die Ausbreitungskugel gelangen kann, durch die Drehung nur zweimal mit ihr zur Koinzidenz kommt; von dem „Kegelmantel" des Liniengitters bleiben also beim Raumgitter nur diskrete Sekundärstrahlen übrig, weil bei der dreidimensionalen Atomanordnung durch Überlagerung der Kegelsysteme der einzelnen linearen Gitter sich vorwiegend eine gegenseitige Auslöschung ergibt; doch ist es schwer möglich, die Auslöschung im einzelnen zu verfolgen.

Man kann aber die Entstehung der Schichtlinien auch schildern, indem man sich das Raumgitter nicht in Liniengitter, sondern in Netzebenen unterteilt vorstellt. Wie zu Beginn von Kap. III ausgeführt ist und auch die Abbildung zeigt, kann jedem Sekundärstrahl eine Netzebene zugeordnet werden, die so liegt, als ob der Primärstrahl an ihr reflektiert würde. Formal kann man also den Netzebenen die Fähigkeit zu reflektieren zuschreiben. Im Gegensatz zu der Reflexion des sichtbaren Lichtes ist diese Wirkungsweise einer Netzebene stets nur auf einige wenige Einfallsrichtungen beschränkt. Durch die Drehung des Kristalls kommen die einzelnen Netzebenen nacheinander zur „Reflexion". Diese bevorzugten Lagen können, wie wir gezeigt haben, am besten mit Hilfe des reziproken Gitters bestimmt werden. Den Gittervektoren in der xy-Ebene zum Beispiel entspricht ein Bündel von Netzebenen, die sich alle in der z-Achse schneiden. Bei der Rotation um diese Achse [0 0 1] kommt eine jede dieser Ebenen 2mal (s. S. 108) zur „Reflexion" des Primärstrahles. Ein Spiegel, der sich aus seiner Ausgangslage in der yz-Ebene um die z-Achse dreht, würde einen aus der Y-Richtung einfallenden Lichtstrahl in gleicher Weise reflektieren, nur bekäme man mit einem Spiegel eine geschlossene Äquatoriallinie an Stelle des aus einzelnen Schwärzungsstrichen bestehenden Äquators eines Drehdiagramms nach POLANYI.

Aufgabe 27 (nach G. Joos, Theoretische Physik, S. 345). Ein würfelförmiger KCl-Kristall ist begrenzt durch die Ebenen (1 0 0), (0 1 0), (0 0 1) bzw. durch Ebenen der entsprechenden Netzebenenschar. Der Kristall wird um die zur Schnittlinie der Ebenen yz (1 0 0) und xz (0 1 0) parallele z-Achse gedreht. Senkrecht zu dieser Achse fällt in der y-Richtung die K-Strahlung von Cu ein ($\lambda = 1{,}54\ A$). Welche Netzebenen erzeugen durch „Reflexion" die Schichtlinie 0-ter Ordnung (Äquator) und wie groß sind die zugehörigen Ablenkungswinkel bzw. Glanzwinkel

$\theta = \frac{\vartheta}{2}$? Die Gitterkonstante des einfachen kubischen Gitters, in dem die Atome des K und des Cl nebeneinander angeordnet sind, ist 3,1 Å; dabei wird zwischen dem Streuvermögen der K- und der Cl-Atome nicht unterschieden, da ihre Elektronenhüllen annähernd gleich sind.

Antwort. Liegt das Koordinatensystem wie bisher, so dreht sich der Kristall um die z-Achse und zur „Reflexion" kommen in diesem Falle nur Ebenen, deren dritter Index 0 ist, da sie der z-Achse parallel sein müssen. Daher lautet die Formel (III, 10)

$$\sin\frac{\vartheta}{2} = \frac{\lambda}{2a} \cdot \sqrt{h^2 + k^2}.$$

Wir approximieren $\frac{\lambda}{2a}$ mit $\frac{1,5}{6} = \frac{1}{4} = 0,25$ und erhalten folgende Tabelle:

Tabelle 13.

Die Indizes der Netzebenen nach LAUE	$\sin\frac{\vartheta}{2}$	$\frac{\vartheta}{2}$
1 0 0 oder 0 1 0	0,25	14,5°
2 0 0 ,, 0 2 0	0,50	30,0
3 0 0 ,, 0 3 0	0,75	48,5
4 0 0 ,, 0 4 0	1,00	(90)
1 1 0	$\sqrt{2}:4 = 0,35$	20,5
2 2 0	$\sqrt{8}:4 = 0,71$	45,0
2 1 0 ,, 1 2 0	$\sqrt{5}:4 = 0,56$	34,0
3 1 0 ,, 1 3 0	$\sqrt{10}:4 = 0,79$	52,0
3 2 0 ,, 2 3 0	$\sqrt{13}:4 = 0,90$	64,0

Die Winkel sind nur mit der Fehlergrenze $\pm 0,5°$ angegeben, da man sie auf den Zeichnungen auch nicht genauer ablesen kann. Die Möglichkeit, die Indizes zu vertauschen, wie es in diesem Fall geschehen ist, besteht nur beim kubischen Gitter ($a = b = c$). Insgesamt liefern also 16 Netzebenenscharen Reflexionen, von denen aber zwei (4 0 0) und (0 4 0), da sie mit dem Primärstrahl zusammenfallen ($\vartheta = 180°$), nicht beobachtet werden können.

Mit Hilfe des EWALDschen Verfahrens können wir zeigen, daß das erhaltene Verzeichnis der Netzebenen vollständig ist. Auf die Ausbreitungskugel (Abb. 45) können bei der Drehung des reziproken Gitters nur solche Gitterpunkte kommen, die um 0

88 Das dreidimensionale Punktgitter oder Raumgitter.

innerhalb einer Kugel liegen, deren Halbmesser zweimal größer ist als der Halbmesser der Ausbreitungskugel[1]. Das folgt aus der Abb. 45, in welcher ein Quadrant des äquatoriellen Meridianschnittes dieser Kugel dargestellt ist. Wir nennen die größere Kugel — die Begrenzungskugel (Limiting Sphere). Alle *außerhalb* dieser Kugel liegenden Punkte können also in keinem Fall bei der vorgeschriebenen Rotation auf die Ausbreitungskugel kommen. Die in dem Quadranten enthaltenen Gitterpunkte stimmen in ihrer Indizierung mit den in der Tabelle angeführten Netzebenen überein. Man kann der Zeichnung auch die Ablenkungswinkel entnehmen, indem man die einzelnen Gitterpunkte auf die Ausbreitungskugel bringt. Für den Sekundärstrahl [3 1 0] zum Beispiel erhält man $\vartheta = 104°$ wie in Tab. 13.

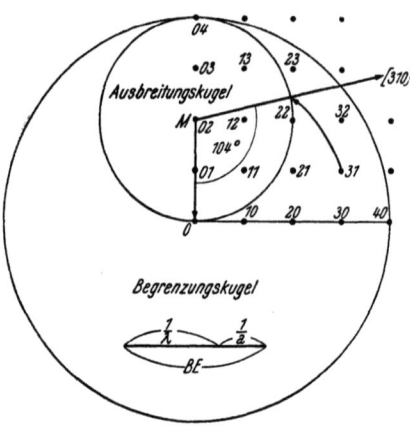

Abb. 45. Kontrolle der berechneten Sekundärstrahlen mit Hilfe der Ausbreitungskugel und der Begrenzungskugel. Die Gitterpunkte, welche bei der Rotation um die z-Achse [0 0 1] auf die Ausbreitungskugel kommen, sind durch die Indizierung kenntlich gemacht. Dabei ist der allen gemeinsame dritte Faktor $l = 0$ fortgelassen. In Übereinstimmung mit Tab. 13 umfassen die indizierten Gitterpunkte alle die Sekundärstrahlen, welche auf der 0-ten Schichtlinie (Äquator) Schwärzungspunkte erzeugen können.

Aufgabe 28. Welche Netzebenen ergeben unter den Bedingungen der vorhergehenden Aufgabe die Streupunkte der ersten Schichtlinie, und wie groß sind die Ablenkungswinkel oder die Glanzwinkel?

Antwort. Der dritte Index der Netzebene ist $l = 1$ und die Formel lautet daher

$$\sin \frac{\vartheta}{2} = \frac{1}{4} \sqrt{h^2 + k^2 + 1}.$$

Wegen der Vertauschbarkeit der Indizes beim kubischen Gitter können einige Glanzwinkel der vorhergehenden Tabelle entnommen werden. So erhalten wir für die Netzebenen: (1 0 1)

---

[1] In der amerikanischen Literatur nennt man die Ausbreitungskugel „The Ewald Sphere of Reflection".

Die Drehkristallmethode.

oder (0 1 1) $\frac{\vartheta}{2} = 21°$; (0 2 1) oder (2 0 1) $\frac{\vartheta}{2} = 34°$ und (0 3 1) oder (3 0 1) $\frac{\vartheta}{2} = 52°$. Die übrigen Netzebenen enthält die folgende Tabelle:

Tabelle 14.

Die Indizes der Netzebenen nach LAUE	$\sin \frac{\vartheta}{2}$	$\frac{\vartheta}{2}$
1 1 1	$\sqrt{3} : 4 = 0{,}43$	25,5°
2 1 1 oder 1 2 1	$\sqrt{6} : 4 = 0{,}61$	37,5
2 2 2	$\sqrt{12} : 4 = 0{,}86$	60,0
3 1 1 oder 1 3 1	$\sqrt{11} : 4 = 0{,}83$	56,0
3 2 1 ,, 2 3 1	$\sqrt{14} : 4 = 0{,}94$	70,0

Höher indizierte Netzebenen kommen nicht zur Wirkung, weil zum Beispiel für (4 0 1) die Summe $h^2 + k^2 + l^2$ schon 16 übersteigt und das mehr als 1 für $\sin \frac{\vartheta}{2}$ ergibt. Die Netzebene (0 0 1), die zur z-Achse senkrecht steht, rotiert in sich, so daß für sie eine günstige Stellung unerreichbar ist. Da in diesem Beispiel das Verhältnis von a zu λ dasselbe ist wie in der Abb. 43, kann man ihr entnehmen, daß der Schichtwinkel μ auch hier 30° beträgt (eine Formel zur Berechnung von μ bei gegebenem a und λ vgl. S. 85).

Um das Verzeichnis der Netzebenen der Tab. 14 zu kontrollieren, ist in der Abb. 46 die *Hälfte* des Schnittkreises der projizierenden Ebene (0 0 1) mit der Ausbreitungskugel angegeben: Der Radius dieses Kreises ist kleiner als der der Ausbreitungskugel (Abb. 45). Auch der entsprechende Begrenzungskreis ist kleiner und wird noch durch einen Kreis um 0 ergänzt. Nur Punkte innerhalb des durch diese beiden konzentrischen Kreise gebildeten Ringes kommen für die Bildung eines Sekundärstrahles in Betracht. Innerhalb des kleineren Kreises und damit außerhalb des Ringes (Thoroid) liegt zum Beispiel der Punkt 0 0 1, der also ausfällt. Zwischen den beiden Kreisen liegen 14 Punkte, die mit der Zahl der berechneten Netzebenen übereinstimmen. Im Gegensatz zu Abb. 45 können die zwei außerhalb des Ringes (Abb. 46) liegenden Punkte 0 4 1 und 4 0 1 keine Sekundärstrahlen mehr liefern.

90 Das dreidimensionale Punktgitter oder Raumgitter.

Da nun die Ablenkungswinkel der Sekundärstrahlen des Äquators und der Schichtlinien bekannt sind, kann man auch die Verteilung der Schwärzungsstriche auf dem Film angeben, d. h. ein Schichtlinien- oder Drehdiagramm entwerfen. Die Eintragung der Striche auf dem Äquator macht keine Schwierigkeiten: Zur Berechnung der Bogenlängen der Winkel ϑ muß nur noch der Durchmesser der Kammer möglichst genau ausgemessen werden. Ist dieser wie in Abb. 25 gerade 57,3 mm, so erhält man die Abstände der Striche von der Symmetriegeraden in der Mitte des entrollten Films in Millimetern, wenn man die Maßzahlen der Ablenkungswinkel durch zwei teilt. Da aber die Tab. 13 die Glanzwinkel enthält, so geben die Zahlen der 3. Kolonne $\frac{\vartheta}{2}$ direkt die Abstände in Millimetern an.

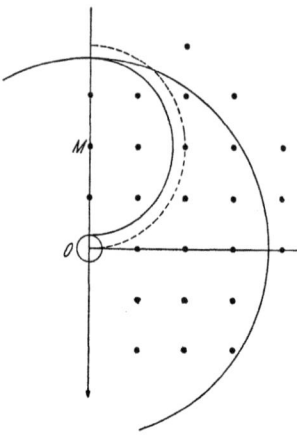

Abb. 46. Kontrolle der möglichen Sekundärstrahlen der Tab. 14. Der Schnitt der Gitterebene (0 0 1) mit der Ausbreitungskugel liefert einen Kreis (ausgezogener Halbkreis), welcher kleiner ist als der Meridianschnitt der Ausbreitungskugel (strichlierter Halbkreis, vgl. auch Abb. 45). Deshalb ist auch die Zahl der Gitterpunkte, die auf die Ausbreitungskugel gelangen können, kleiner. Der kleine Kreis in der Mitte der Abb. begrenzt die zur Wirkung kommenden Gitterpunkte von innen (vgl. Anhang III, S. 111).

Für die Schwärzungsstriche auf der Schichtlinie kann man die Ablenkungswinkel nicht direkt verwenden. Man muß zuerst die Winkel ε berechnen, um die jeder Sekundärstrahl nach links oder rechts von der durch den Primärstrahl gelegten Symmetrieebene der Strahlen abgelenkt ist. Auf der Abb. 42 ist für den Sekundärstrahl [1 0 1] $\varepsilon = O\,M\,(P'')$ und für [2 0 1] der Winkel $\varepsilon = O\,M\,(Q'')$. Diese Winkel werden, wie man sieht, von der Normalprojektion des Sekundärstrahles auf die xy-Ebene mit dem Primärstrahl gebildet. Man erhält die Zahlenwerte der Winkel mit Hilfe einer aus der sphärischen Geometrie bekannten Formel: Es besteht zwischen den Seiten des rechtwinkligen [Fläche $(P)\,M\,(P'')$ $\perp$ zur Aufrißebene] sphärischen Dreiecks in Abb. 42 die Beziehung: $\cos\vartheta = \cos\mu \cdot \cos\varepsilon$. Den Schichtwinkel μ erhält man aus $\sin\mu = \frac{\lambda}{a}$ (III, 11). In unserem Beispiel ist daher $\cos\mu =$

= cos 30 = 0,866, so daß man cos ε einfach durch Division aller Werte von cos ϑ durch 0,866 erhalten kann. Tab. 15 enthält die so berechneten Werte von ε.

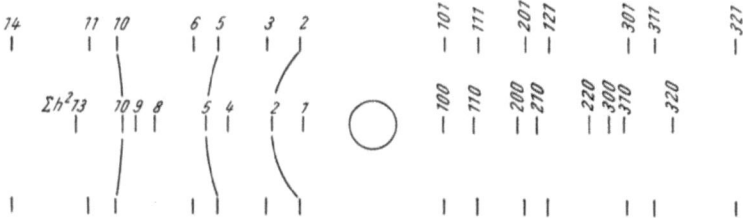

Abb. 47. Schema einer Drehkristallaufnahme eines einfachen kubischen Kristallgitters. Darunter eine Aufnahme von KCl mit $Cu - K_\alpha$-Strahlung (verkleinert im Maßstab 1:1,5). Die Abstände symmetrischer Schwärzungsstriche in mm erhält man aus dem Diagramm und der Aufnahme durch Multiplikation mit 1,5; aus Tab. 13 und 15 erhält man die Abstände durch Multiplikation der entsprechenden Winkelgrößen mit 2 (2 ϑ = 4 ϑ/2, aber 2° = 1 mm). Der im Schema angegebene Schwärzungsstrich 2 2 0 ist auf der Reproduktion nicht mehr zu erkennen.

Um die Schwärzungsstriche auf der Schichtlinie eintragen zu können, müssen wir zuerst noch den Abstand der Schichtlinie von dem Äquator bestimmen. Er ist, wie aus Abb. 44 ersichtlich, gleich $r \cdot \tan \mu$, also in unserem Fall ($d = 57,3$ mm) gleich $28,65 \tan 30° = 28,65 \cdot 0,577 = 16,5$ mm. Eine in diesem Ab-

Tabelle 15.

Indizierung	1 0 1 0 1 1	0 2 1 2 0 1	2 1 1 1 2 1	0 3 1 3 0 1	1 1 1	3 1 1 1 3 1	3 2 1 2 3 1
ε	32°	64°	73°	106°	44°	116°	152°

stand vom Äquator gezogene Parallele gibt die Lage der Schichtlinie an. Der Abstand der Schwärzungsstriche von der Mittellinie ist durch die Bogenlänge $r \cdot \varepsilon$ gegeben, die für $r = 28{,}65$ mm gerade die Hälfte des Winkels beträgt.

Wenn wir nun (Abb. 47) die Verteilung der Schwärzungsstriche auf dem Äquator und auf den Schichtlinien betrachten und ihre Indizierung durch die Indextripel (rechts) und die „Quadratsummen" (links) verfolgen, können wir zwei Gruppen von Netzebenen unterscheiden. Einige kommen auf allen drei Linien vor, von den anderen gibt jede Netzebene entweder nur auf dem Äquator oder nur auf der Schichtlinie einen Schwärzungsstrich. Die Schwärzungsstriche der ersten Gruppe (1 1 0), (2 1 0), (3 1 0) sind auf der linken Seite der Abbildung mit Kurven verbunden. Diese sind mit den Schwärzungskurven identisch, die sich bei einer Pulveraufnahme desselben Kristalls ergeben. Für die Netzebenen der zweiten Gruppe ist entweder die Schichtlinie oder der Äquator verboten. So kommt [2 0 0] zum Beispiel hier nur auf dem Äquator und [1 1 1] nur auf der Schichtlinie vor.

Die asymmetrische Methode von STRAUMANIS. Für Präzisionsmessungen hat STRAUMANIS ein Verfahren eingeführt, das sich bei Pulver- und Drehkristallaufnahmen sehr gut bewährt hat. Da die Genauigkeit der Winkelmessungen und auch das Auflösungsvermögen mit der Größe der Ablenkungswinkel zunimmt (vgl. S. 77 und S. 107), muß man vor allem die größten Winkel so genau wie möglich ausmessen, was aber durch das unvermeidliche und schwer kontrollierbare Schrumpfen der Filmfolie erschwert wird. Die hierdurch verursachte Fehlerquelle wirkt sich nämlich besonders stark auf die großen Winkel aus, so daß die für sie sonst günstigen Umstände nicht zur Geltung kommen können.

Es gelang nun STRAUMANIS, auf eine ganz einfache Weise die Winkelmessung von den Veränderungen der Filmfolie unabhängig zu machen. Um ein in Bezug auf die Austrittstelle nach beiden Seiten symmetrisches Diagramm zu erhalten, lochte man früher den Film in der Mitte und legte ihn so in die Kammer, daß seine Enden nicht zusammenstoßen, sondern den Röntgenstrahlen den Eintritt freigeben. STRAUMANIS verzichtet auf die Symmetrie, macht in den Film *zwei* Löcher, eins für den Eintritt und eins für den Austritt der Strahlen, und legt den Film so in die Zylinderkammer, daß seine Enden an einer Seite links oder rechts von der Strahlenrichtung zusammenstoßen. Dadurch wird zweierlei erreicht:

Erstens ordnen sich die Linien zu beiden Seiten sowohl der Eintrittsstelle als auch der Austrittsstelle; man kann daher diese beiden Stellen aus mehreren Linienpaaren gleicher Indizierung genau bestimmen und daraus die Länge des halben Filmumfanges erhalten, ohne den Radius der Kammer zu kennen; der Einfluß der Schrumpfung des Films wird auf diese Weise automatisch ausgeschaltet.

Zweitens liegen nun die „letzten" Linien, die Linien mit den größten Ablenkungswinkeln, auf einem ununterbrochenen Teil des Films und können daher genauer ausgemessen werden.

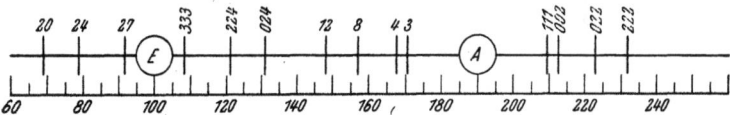

Abb. 48a. Schema einer asymmetrischen Aufnahme. Eintritt und Austritt der Röntgenstrahlen sind mit E und A bezeichnet. Über den Linien steht die Indizierung, unter den Linien eine Skala, deren Ziffern Abstände von einem 0-Punkt außerhalb der Zeichnung in mm angeben. Man findet den Abstand AE mit Hilfe von zwei Linienpaaren.

Aufgabe 29. Die Lage der Linien auf einem asymmetrischen Röntgendiagramm ist abzulesen und die Länge des Filmstreifens (der „Kreisumfang") zu berechnen. Wie groß ist der Glanzwinkel $\theta = \dfrac{\vartheta}{2}$ der „letzten Linien"?

Antwort. Auf der schematischen Wiedergabe des Filmstreifens (Abb. 48a) ist die Austrittsstelle mit A und die Eintrittsstelle der Röntgenstrahlen mit E bezeichnet. An einer parallel zum Äquator im übrigen aber ganz beliebig angeordneten Millimeterskala liest man die Lage der Linien oder Striche ab. Jedem Ablenkungswinkel entsprechen zwei Striche auf dem Diagramm.

Wir wählen die zu A symmetrisch liegenden Striche des Sekundärstrahles [0 2 2] und die zu E symmetrisch liegenden Striche von [2 2 4] und erhalten

für [0 2 2] links 157 mm und rechts 223 mm, zusammen 380 mm,

für [2 2 4] links 79 mm und rechts 121 mm, zusammen 200 mm.

Danach liegt die Austrittsstelle A bei $380 : 2 = 190$ mm der Skala und die Eintrittsstelle E bei unveränderter Lage der Skala

94 Das dreidimensionale Punktgitter oder Raumgitter.

im Punkte 200 : 2 = 100 mm der Skala. Somit umfaßt der Halbkreis 90 mm und der Vollkreis 180 mm. Wie man sieht, braucht man, um den Kreisumfang zu erhalten, nur von der ersten Summe (380 mm) die zweite (200 mm) abzuziehen. Auch folgende Berechnungsweise führt zu demselben Ergebnis:

$$(157 - 121) + (223 - 79) = 36 + 144 = 180 \text{ mm.}$$

Die erste Klammer gibt den Abstand der Striche zwischen E und A auf dem Diagramm an, die zweite den Abstand der Striche außerhalb der Strecke EA. Übereinstimmend entspricht also

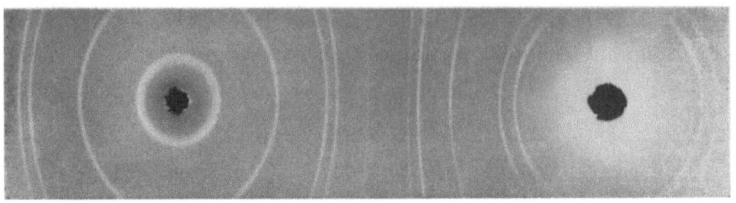

Abb. 48b. Asymmetrische Röntgenaufnahme von Al. Außer den Linien der Abb. 39b ist hier auch noch in der Nähe der Eintrittsstelle die „letzte Linie" 3 3 3 erhalten worden. In Abb. 48a sind die Linien 3 3 1, 4 0 0 und 3 1 1 weggelassen.

auf diesem Diagramm 1 mm einem Winkel von 2°. Um nun den Glanzwinkel zu erhalten, könnte man die Abstände der Striche von der Austrittsstelle A halbieren; es ist aber bequemer, statt dessen direkt den Abstand b der Striche gleicher Indizierung beiderseits A zu bestimmen und dann durch vier zu teilen. Der Abstand b ist für [0 2 2] zum Beispiel = 66 mm; dem Glanzwinkel θ entsprechen also 66 : 4 = 16,5 mm oder 2° mal 16,5 = 33°. Sollen aber die Glanzwinkel für die „letzten Linien" um die Eintrittsstelle E bestimmt werden, so muß der Strichabstand beiderseits E zuerst von der Gesamtlänge des Films abgezogen und dann erst die erhaltene Differenz durch vier geteilt werden. So erhält man für den Sekundärstrahl [2 2 4] als Abstand 42 mm und $b = 180 - 42 = 138$ mm; der entsprechende Glanzwinkel ist $\theta = 2° \cdot \frac{138}{4} = 69°$. Noch günstiger ist der Sekundärstrahl [3 3 3] mit $b = 180 - 16,6 = 163,4$ und $\theta = 2° \cdot \frac{163,4}{4} = 81,7°$.

Aufgabe 30. Die Bestimmung der Gitterkonstanten von Al auf Grund einer asymmetrischen Aufnahme (Abb. 48b). Wellenlänge der Röntgenstrahlen $\lambda = 1,54$ Å.

Antwort. Die Berechnung nach STRAUMANIS ergibt einen Filmumfang von 120 mm. Also entspricht 1 mm der Abbildung einem Winkel von 3°. Zur Indizierung und Berechnung vgl. auch Aufgabe 25, S. 75.

Bei der asymmetrischen Methode von STRAUMANIS kann die Genauigkeit noch dadurch gesteigert werden, daß man zur Bestimmung der Filmlänge möglichst alle scharfen Striche des Diagramms auswertet und den Mittelwert berechnet. Bei Beachtung aller Vorsichtsmaßnahmen während der Aufnahmen und durch wiederholte Ausmessung der Filme erreicht STRAUMANIS mit seiner Methode eine Genauigkeit von $\pm\,0{,}00003$ Å für den Mittelwert von Gitterkonstanten.

Das fokussierende SEEMANN-BOHLIN-Verfahren. Wenn es nur auf die letzten Linien ankommt, kann man darauf verzichten, daß das Präparat wie beim Drehkristall- und beim Pulververfahren in der Mitte der Aufnahmekammer liegt; es werden ja doch nur diejenigen Sekundärstrahlen ausgenützt, die in einer den Primärstrahlen fast entgegengesetzten Richtung gehen. Diese Verfahren, bei denen man sich auf solche gewissermaßen „zurückgestrahlte Sekundärstrahlen" beschränkt, werden Rückstrahlverfahren genannt. Die Präparate brauchen nicht mehr schmal oder dünn zu sein, sondern ein jedes beliebige Probestück kann verwendet werden. Wegen des erwähnten hohen Auflösungsvermögens der letzten Linien sind diese aber gegen jegliche Abweichungen von der idealen Kristallstruktur ganz besonders empfindlich und oft unscharf. Auch die unvermeidliche restliche Divergenz der Röntgenstrahlen fördert das Breiter- und Diffuswerden der letzten Linien. Daher bewähren sich die Rückstrahlverfahren erst dann, wenn es gelingt, durch eine günstige Anordnung der Apparatur eine fokussierende Wirkung zu erzielen.

Schon lange bevor die Rückstrahlverfahren entwickelt wurden, hat H. SEEMANN im Jahre 1919 eine Anordnung zur Fokussierung der Sekundärstrahlen veröffentlicht; das zugrunde liegende Prinzip ist fast gleichzeitig bei den Aufnahmen von H. BOHLIN verwendet worden. Röntgenstrahlen können nicht wie die Strahlen sichtbaren Lichtes durch Linsen in einem Brennpunkt vereinigt werden, weil ihr Brechungskoeffizient sich zu wenig von 1 unterscheidet (vgl. S. 4). Auch die reguläre Spiegelung kommt für Röntgenstrahlen nicht in Frage, da die Richtungen der Sekundärstrahlen durch die Lage der Netzebenen im Kristall und nicht durch eine etwa sphärische Form der Oberfläche des Präparates bestimmt werden. Bei der Anordnung von SEEMANN-BOHLIN kommt die fokussierende Wirkung dadurch zustande, daß der Spalt, durch den die Primärstrahlen in die Kammer eintreten, und das Präparat selbst eine gemeinsame Kreislinie mit dem zylindrischen Film, auf dem die Schwärzungslinien erscheinen, bilden (Abb. 49). Dann treffen nämlich divergente in der Zeichenebene liegende Strahlen auf verschiedene Stellen des Präparates, kommen aber in einem Punkte des Filmes wieder zusammen, wo sie gewissermaßen ein Bild des Spaltes bilden. Bei dieser Art der Fokussierung muß das Präparat der Zylinderfläche entsprechend geformt werden. Bei Pulverpräparaten und polykristallinen Blechen treffen die Primärstrahlen dann einzelne auf der Zylinderfläche angeordnete Kristallite in Reflexstellung. Bei den Einkristallpräparaten wird durch die Anpassung an die Zylinderfläche eine jede Netzebene so verformt, daß die einfallenden Strahlen überall mit der jeweiligen Netzebene denselben zum Reflex erforderlichen Winkel bilden. Die Ablenkungswinkel ϑ und ihre Ergänzungen, die Peripheriewinkel $(180 - \vartheta)$, sind untereinander gleich. Da nun gleiche Peripheriewinkel immer auf gleichen Kreisbögen stehen, die in diesem Falle alle von dem Spalt auf der Kreislinie ausgehen, müssen auch die Endpunkte der Kreisbögen zusammenfallen, und das ergibt die Fokussierung. Die ideale Fokussierung findet nach GLOCKER nur dann statt, wenn die Strahlen senkrecht auf den Spalt fallen. Am günstigsten erreicht man dieses, wenn Präparat und Spalt einander auf dem Kreis diametral gegenüber liegen. Je nach der Problemstellung brauchen diese vielen Bedingungen nicht alle gleichzeitig erfüllt zu werden. Man arbeitet auch mit ebenen Präparaten; die fokussierende Wirkung ist so stark, daß sogar relativ stark divergierende Strahlen noch brauchbar sind. Man kann deshalb auch auf die Verwendung

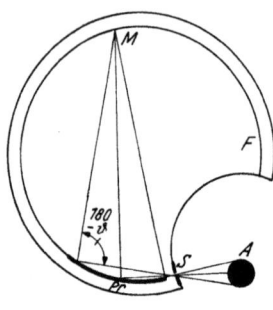

Abb. 49. Das fokussierende SEEMANN-BOHLIN-Verfahren. Die von der Antikathode A ausgehenden Strahlen treten durch den Spalt S in die Kammer. Von S ausgehende divergierende Strahlen treffen das Präparat an verschiedenen Stellen, werden aber in M fokussiert.

langer Blenden verzichten und mit der Röntgenröhre ganz nahe an den Spalt herangehen, wodurch die erforderliche Expositionszeit erheblich herabgesetzt wird. Eine kompliziertere Art der Fokussierung, bei der das Präparat aber nicht gekrümmt zu werden braucht, stammt von BRAGG und BRENTANO.

Die Rückstrahlkammern ohne Fokussierung. In der Folge haben zahlreiche Forscher sowohl die Beschränkung auf die „letzten Linien" als auch das Fokussierungsverfahren von SEEMANN-BOHLIN, entsprechend ihren eigenen Problemen, einzeln oder kombiniert benutzt. Ganz ohne Fokussierung arbeitet noch die Rückstrahlkammer von DEHLINGER. Da bei dem Rückstrahlverfahren die Ablenkungswinkel aller Sekundärstrahlen größer als 90° sind, besteht die Kammer von DEHLINGER nicht mehr aus einem Vollzylinder, sondern aus einem Halbzylinder, in dessen Achse das Präparat angebracht ist. Im übrigen unterscheidet sich sein Verfahren nicht von den Aufnahmen von DEBYE-SCHERRER und von den Drehkristallaufnahmen.

G. SACHS und I. WEERTS, A. E. VAN ARKEL, H. MÖLLER u. a. benutzen an Stelle eines zylindrisch gebogenen Films einen ebenen Film oder eine Platte (Planfilmverfahren), deren Abstand vom Präparat verändert werden kann. Dieser Abstand wird so eingestellt, daß die Schwärzungslinien möglichst scharf werden. Legt man durch Blende und Präparat im Schnitt einen Kreis mit deren Abstand als Durchmesser, so kann ein Planfilm diesen Kreis in zwei symmetrisch liegenden Punkten schneiden, und eine Schwärzungslinie, die sich gerade an dieser Stelle befindet, wird ganz besonders scharf. Es kann also bei den bisher erwähnten Planfilmverfahren unter Umständen auch eine Schwärzungslinie fokussiert sein. Da die Anordnung rotationssymmetrisch ist, entstehen auf ausreichend breiten Platten geschlossene kreisförmige Schwärzungslinien, die auf dem ganzen Umfang gleich scharf sind.

Die Rückstrahlkammern mit Fokussierung. R. BERTHOLD, der ebenfalls einen Planfilm benutzt, stellt diesen schon ganz bewußt nach dem Fokussierungsprinzip so weit vom Präparat ein, daß eine gewünschte Schwärzungslinie gerade an der Stelle erscheint, an der die Filmebene die Kreislinie durch Spalt und Präparat schneidet. W. F. DE JONG bevorzugt einen zylindrisch gebogenen Film und sorgt für die Fokussierung in nächster Nähe des Eintrittsspaltes; die erreichte Genauigkeit ist $\pm\,0{,}003$ Å. F. WEVER und A. ROSE haben eine Sammelkammer für Rückstrahlaufnahmen entwickelt, die ebenfalls die Fokussierung ausnutzt; die Expositionsdauer wird außerdem noch durch eine Vorrichtung zum Drehen von Film und Platte herabgesetzt. In allen diesen Aufnahmekammern ist noch immer nur eine einzige Linie ganz scharf einstellbar.

Durch Verwendung von Kegelkammern (F. SAUTER, F. REGLER) kann man *zwei* voneinander entfernt liegende Schwärzungslinien fokussieren, da die Erzeugende eines Kegelmantels eine Kugelfläche durch Präparat und Blende in zwei Kreisen schneidet. Auch auf einem Zylinder (F. REGLER, H. MÖLLER), dessen Achse mit der Primärstrahlung zusammenfällt, kann man für zwei Linien eine Fokussierung erreichen, die sich auch auf die in ihrer unmittelbaren Nähe befindlichen Schwärzungslinien erstreckt. H. MÖLLER erweitert die SEEMANN-BOHLINsche Anordnung durch eine Vorrichtung, welche die Blende auf dem Kreisumfang verschiebbar macht.

Die fokussierende Ringfilmkammer von REGLER. Es gibt Fälle, in denen man sich nicht mit der Vermessung nur einiger weniger Linien begnügen kann. Zur Berechnung eines Mittelwertes z. B. muß man möglichst alle erhaltenen Linien ausnutzen. Um sämtliche Schwärzungslinien zu fokussieren, läßt man den Film in seiner ganzen Ausdehnung mit der Kreislinie zusammenfallen. Spalt und Präparat ordnet F. REGLER in seiner Kammer (Abb. 50) einander diametral gegenüber an und erreicht dadurch die Symmetrie und die günstigen Bedingungen zu einer präzisen Vermessung. Er verzichtet auf die Anpassung des Präparates an die Krümmung der Kammer und erhält dadurch u. a. auch die Möglichkeit, Werkstücke zu untersuchen, ohne an ihnen etwas zu verändern (zerstörungsfreie Werkstoffprüfung).

Für die Auswertung einer solchen Aufnahme (Abb. 51) muß man auf dem entrollten Zylinderfilm den jeweiligen Abstand s von zwei zur Eintrittsöffnung symmetrisch liegenden Schwärzungslinien gleicher Indizierung ausmessen. Mit Hilfe des Halbmessers r der Kammer erhält man daraus den Zentriwinkel $z = \dfrac{s}{r}$, zu dem die Linien gehören. Ein Viertel des Zentriwinkels ist gleich dem Peripheriewinkel, welcher den Ablenkungswinkel zu 180° ergänzt. Zieht man also den halben Zentriwinkel von 360° ab, so erhält man den doppelten Ablenkungswinkel oder das Vierfache des Glanzwinkels.

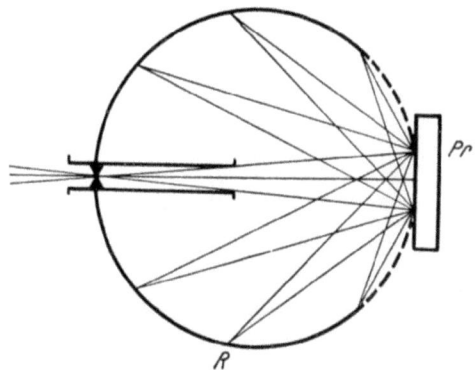

Abb. 50. Die Ringfilmkammer von REGLER. Auf dem Innenkreis der fokussierenden Ringfilmkammer liegen: 1. der Spalt, aus dem die Röntgenstrahlen austreten, 2. das Präparat (Pr) und 3. der Film, auf dem die von den verschiedenen Stellen des Präparates ausgehenden Sekundärstrahlen gleicher Indizierung fokussiert werden. Strahlen mit gleichen Ablenkungswinkeln bilden gleiche Peripheriewinkel, die auch auf gleichen Kreisbögen stehen. Deshalb müssen die etwas divergierenden Röntgenstrahlen, die aus dem Spalt austreten, in einem Punkt auf dem Film wieder zusammentreffen; sie werden also für jede Netzebenenschar in 2 symmetrisch zum Spalt liegenden Punkten fokussiert. Diese Punkte bestimmen je einen Zentriwinkel z, dessen zugehöriger Peripheriewinkel $\left(\dfrac{z}{2}\right)$ den doppelten Ablenkungswinkel zu 360° ergänzt: $2\vartheta + \dfrac{1}{2}z = 360°$; $\vartheta = 180° - \dfrac{1}{4}z$.

Aufgabe 31. Auswertung der Abb. 51. Kammerradius $r = 3{,}3$ cm. Die benutzten Strahlungen haben die Wellenlängen:

Abb. 51. Röntgenaufnahme von Gold mit einer legierten Anode (nach REGLER). Um die Gitterkonstante von Gold, das häufig als Eichsubstanz benutzt wird, aus mehreren Linien mit großem Ablenkungswinkel möglichst genau zu bestimmen, werden die Eigenstrahlungen $K\,\alpha_1$ und $K\,\alpha_2$ von Cu und $K\,\alpha_1$, $K\,\alpha_2$ und $K\,\beta$ von Ni gleichzeitig verwendet. Der Abstand der Dubletten, welche durch die $K\,\alpha_1$- und die $K\,\alpha_2$-Strahlung erzeugt werden, nimmt mit dem wachsenden Auflösungsvermögen der „letzten Linien" zu. Von außen nach innen ist die Indizierung der Dubletten 0 2 4 (Ni); 2 2 4 (Cu); 3 3 3 (Cu) und 2 2 4 (Ni). Die einzelne Linie ist eine β-Linie des Ni.

$Ni - K\,\alpha_1 = 1{,}654$ Å; $K\,\alpha_2 = 1{,}658$ Å; $K\,\beta = 1{,}486$ Å
$Cu - K\,\alpha_1 = 1{,}537$ Å; $K\,\alpha_2 = 1{,}541$ Å.

Gesucht wird die Gitterkonstante von Gold.

Antwort. Für die *Ni-β*-Linie mit der Indizierung 3 3 3 beträgt:

die Bogenlänge $s = 8{,}2$ cm,

der Zentriwinkel $z = 57{,}3 \cdot \dfrac{s}{r} = 142°$,

der Ablenkungswinkel $\vartheta = 180° - \dfrac{z}{4} = 144{,}5°$,

der Glanzwinkel $\theta = \vartheta/2 = 72{,}2°$;

damit erhält man $\sin^2 \theta = 0{,}91 = \dfrac{\lambda^2}{4a^2} \cdot \sum h^2$

und es wird $a^2 = 16{,}9;\ a = 4{,}05$ Å.

Alle übrigen Linien können in derselben Art und Weise ausgewertet werden. Man darf aber von der Reproduktion nur eine angenäherte Übereinstimmung der Ergebnisse erwarten. Um für die Gitterkonstante von Gold Werte zu erhalten, die in mehreren Dezimalen gleich sind, muß man die Abstände dem Original entnehmen und dann auch genauere Werte für r und λ einsetzen. F. REGLER bestimmt die Stellen maximaler Schwärzung in den Linien, wie allgemein bei Präzisionsmessungen üblich, mit einem Mikrophotometer (Abb. 53).

Je mehr Linien man zur Bestimmung des Mittelwertes der gesuchten Gitterkonstanten heranziehen kann, desto genauer wird das Ergebnis. Um die Zahl der Linien in der Nähe der Eintrittsstelle zu vergrößern, verwendet REGLER Röntgenröhren mit legierten Anoden aus zwei Elementen (Abb. 51). Unter Berücksichtigung verschiedener noch möglicher Fehlerquellen erreicht er bei absoluten Bestimmungen von Gitterkonstanten auf diese Art eine Genauigkeit von $\pm\ 0{,}0001$ Å. Die Fehler sind dann meist kleiner als $0{,}01\%$. Diese Methode ist noch besonders geeignet für Messungen von Gitterveränderungen, die entweder durch eine Veränderung der Temperatur oder durch Spannungen im Material verursacht werden. Bei der Untersuchung solcher Wirkungen verzichtet man auf eine sorgfältige absolute Bestimmung der Gitterkonstanten und benötigt daher nicht mehr den Glanzwinkel selbst, sondern nur die Linienverschiebungen. Diese lassen sich außerordentlich genau feststellen, wenn auf demselben Film die Linien einer Eichsubstanz, mit der das zu untersuchende Präparat in dünner Schicht bedeckt ist, vorhanden sind.

Die Kompensationsmethode von KOSSEL. Bei der Verwendung „letzter Linien", die auf einem ununterbrochenen Film

Das dreidimensionale Punktgitter oder Raumgitter.

Wellenlänge der Primärstrahlung bilden die beiden Sekundärstrahlen einen kleinen Winkel $\Delta\varphi = 2{,}5°$: Der Ablenkungswinkel (145,5°) wird fast ganz durch den Winkel (143°) zwischen den beiden Netzebenen des Kristalls kompensiert. Man braucht die Lage der Röntgenröhre weder zu kennen noch genau einzustellen; es genügt, wenn die Primärstrahlen um die geeignete Richtung ein wenig geschwenkt werden, denn der Kristall kann ja bei gegebener Wellenlänge nur bei einem ganz bestimmten Einfallswinkel einen Sekundärstrahl erzeugen. Wie es bei dem LAUE-Verfahren dem Kristall überlassen bleibt, aus dem weißen Röntgenlicht die günstigen Wellenlängen automatisch auszuwählen, so überläßt man es hier dem Kristall, den erforderlichen Einfallswinkel auszunutzen. Dabei wird dieser Winkel durch den Kristall viel genauer eingehalten, als man dies experimentell einzustellen vermöchte. Mit unbeschränkter Genauigkeit kann ferner der Winkel zwischen zwei Netzebenen angegeben werden, da dieser ja ausschließlich von den geometrischen Bedingungen abhängt. Es braucht nur der Winkel zwischen den beiden Sekundärstrahlen gemessen zu werden, und man erhält den Ablenkungswinkel nach der Formel: $\vartheta = \psi_2 + \Delta\varphi$.

Dies erkennt man am besten, wenn man von einem Beispiel ausgeht, bei dem der Ablenkungswinkel ϑ und der stumpfe Winkel zwischen den Netzebenen ψ_2 einander gleich sind. ($\vartheta = \psi_2$.) Dann sind auch die spitzen Winkel zwischen Primär- und Sekundärstrahl einerseits und den Netzebenen anderseits einander gleich: $180 - \vartheta = \psi_1$. Beide Sekundärstrahlen I und II fallen mit der Winkelsymmetralen S des stumpfen Winkels ψ_2 und des Winkels zwischen den Loten auf die Netzebene zusammen. Ist aber ϑ größer als ψ_2 (Abb. 52b), so wird der Winkel $180 - \vartheta$ kleiner als ψ_1. Primär- und Sekundärstrahl rücken auf beiden Seiten der Zeichnung in Richtung auf die entsprechenden Lote näher zusammen. Wenn dagegen ϑ kleiner als ψ_2, also $180 - \vartheta$ größer als ψ_1 ist, rücken die Strahlenpaare auseinander und die jeweiligen Sekundärstrahlen reichen dann über die Symmetrale S auf die andere Seite hinüber. Die Abweichungen der einzelnen Sekundärstrahlen von der Symmetrale betragen in jedem einzelnen Falle nur die Hälfte der Differenz $\vartheta - \psi_2$, da der Primärstrahl auch um denselben Winkel $\dfrac{\vartheta - \psi_2}{2}$ in Richtung zum Lote ver-

symmetrisch zur Eintrittsstelle der Röntgenstrahlen liegen
(M. STRAUMANIS: Rückstrahlverfahren) kann man an Stelle des
großen Ablenkungswinkels den viel kleineren Ergänzungswinkel
$360 - 2\vartheta$ messen. Kleinere Winkel können meist mit einem
kleineren Absolutfehler bestimmt werden, der dann — auf den
größeren Ablenkungswinkel bezogen — einen beträchtlich kleineren
relativen Fehler ergibt, als man ihn bei der direkten Messung
großer Winkel erreichen könnte. Das Verfahren von W. KOSSEL

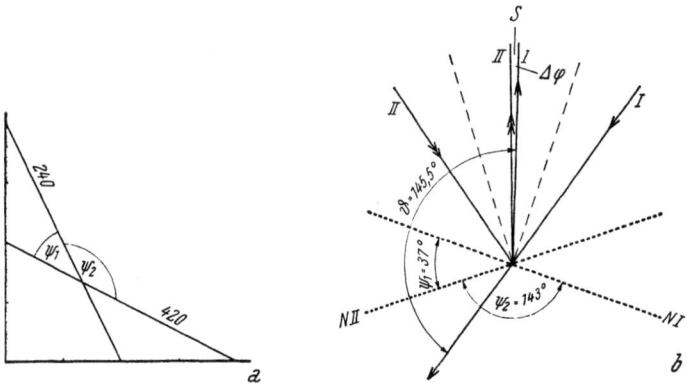

Abb. 52. Zur Kompensationsmethode von KOSSEL. Die beiden Netzebenen (Abb. 52 a)
bilden einen stumpfen Winkel ψ_2, der nur um einen ganz geringen Betrag kleiner ist
als der Ablenkungswinkel ϑ (Abb. 52 b).

beruht auf einer sehr scharfsinnigen Ausnutzung dieses Vorteils;
es werden nur Winkel bis zu 3° vermessen. Zu diesen geringen
Winkeln gelangt KOSSEL vermittels einer Kompensation des
Ablenkungswinkels durch einen Winkel zwischen zwei kristallo-
graphisch gleichwertigen günstig gewählten Netzebenen. Betrachten wir z. B. (Abb. 52a) die Schnittlinien der Netzebenen 420
und 240 in einem kubischen Kristall. Sie schneiden einander
unter einem Winkel von $\psi_1 = 37°$ bzw. $\psi_2 = 180° - 37° = 143°$.
Wird ferner ein Cu-Einkristall ($a = 3{,}607$ Å) mit $Cu - K\alpha_1$-
Strahlung ($\lambda = 1{,}537$ Å) bestrahlt, so beträgt der Ablenkungswinkel $\vartheta = 145{,}5°$. Läßt man auf die Netzebene N I (Abb. 52b)
von rechts einen Primärstrahl I fallen, so erhält man den Sekundärstrahl I. Ebenso erhält man von der Netzebene N II den
Sekundärstrahl II, wenn man den Primärstrahl II von links einfallen läßt. Infolge der günstigen Wahl der Netzebenen und der

rückt werden muß. Beide Abweichungen der Sekundärstrahlen I und II ergeben zusammen einen Winkel $\Delta\varphi$, der mit der Differenz $\vartheta - \psi_2$ übereinstimmt. Wenn die Sekundärstrahlen über die Symmetrale S auf die andere Seite hinüberreichen, muß der Winkel mit negativem Vorzeichen eingesetzt werden, und es wird $\vartheta = \psi_2 - \Delta\varphi$. In dem auf Abb. 52b angeführten Beispiel ist aber $\Delta\varphi$ positiv und muß also zu ψ_2 addiert werden. Welcher Fall bei einem Versuch vorliegt, läßt sich rechnerisch aus den annähernd bekannten Gitterkonstanten und auch experimentell leicht feststellen.

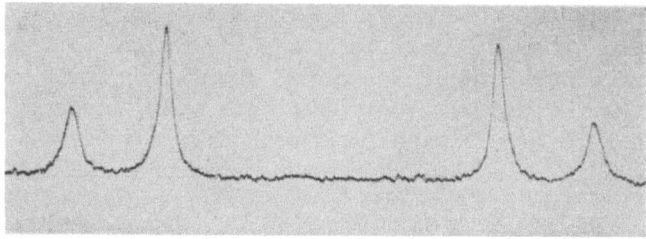

Abb. 53. Photometerkurve zu einer Aufnahme nach KOSSEL. Die Abstände der Spitzen dienen zur Berechnung von $\Delta\varphi$. Die inneren Spitzen gehören zu $K\alpha_1$, die äußeren zu $K\alpha_2$. (Nach H. VAN BERGEN, Ann. Physik **33**, 746, 1938.)

Bei der praktischen Anwendung dieses Verfahrens braucht man nicht die Röntgenröhre zu drehen und zu schwenken, sondern eine fest verbundene Anordnung: Platte — Spalt — Präparat. Der Spalt dient hierbei zur besseren seitlichen Begrenzung der Schwärzungsstriche auf der Platte. Für Präzisionsmessungen werden die Aufnahmen photometriert (Abb. 53), so daß der Abstand der Maxima mit großer Genauigkeit vermessen werden kann. BETSY ANCKEL[1] hat bei einer solchen Abstandsmessung als mittleren Fehler des Mittelwertes von zehn Messungen $\pm\,0{,}1\%$ erhalten. Der Abstand des Präparates von der Platte betrug rund 30 cm und war bis auf $\pm\,0{,}03$ mm oder $0{,}01\%$ bekannt. Deshalb ist der mittlere relative Fehler des Winkels $\Delta\varphi$, der in diesem Fall rund $1°$ betrug, ebenfalls nur $0{,}1\%$, wie bei der Abstandsmessung. Da der Ablenkungswinkel aber rund $100°$ betrug, führt das bei der Berechnung der Gitterkonstanten zu einer Genauigkeit von $\pm\,0{,}001\%$. Allerdings kann man nicht von

---

[1] Ann. Physik **12**, 145 (1953).

allen Stellen eines Kristalls so scharfe Schwärzungsstriche erhalten, wie es im angeführten Beispiel der Fall war. Verzerrungen und Längsverschiebungen der Schwärzungsstriche erlauben aber, Schlüsse über die Art der Abweichungen der bestrahlten Stelle von der idealen Struktur des Kristalles zu ziehen.

Schlußwort.

Es hat den Anschein, als ob wir mit den Messungen solch hoher Genauigkeiten eine Grenze erreicht, wenn nicht sogar überschritten haben. Wenn jetzt Messungen an verschiedenen Exemplaren chemisch gleicher Stoffe, ja sogar an verschiedenen Stellen eines und desselben Kristalls voneinander abweichende Werte ergeben, so liegt die Ursache dafür nicht mehr in irgendwelchen Unzulänglichkeiten der Beobachtungsmethode, sondern in der Unterschiedlichkeit der Meßobjekte selbst. Es gibt anscheinend überhaupt keinen ganz einwandfreien Kristall, sondern alle realen Kristalle und auch Teile eines solchen unterscheiden sich voneinander durch winzige Abweichungen von ihrem Idealbild. Man faßt die Gesamtheit der verschiedenartigen Mißordnungen unter dem Namen Mosaikstruktur zusammen. Hier stehen wir am Ausgangspunkt eines neuen Gebietes, das außerordentlich mannigfaltige Erscheinungen umfaßt, da ganz verschiedene Ursachen eine ideale Kristallstruktur zu stören vermögen: Fremdstoffe, Spannungen, Leerstellen, Lockerstellen u. a. m. Man glaubt, in der Feinstruktur der einzelnen Linien, die mit einem Mikrophotometer aufgelöst werden, einen Schlüssel zu diesem Gebiet gefunden zu haben. Doch wollen wir noch in der Entwicklung befindliche, nicht abgeschlossene Aufgaben der Kristalluntersuchungen hier nicht bringen, sondern überlassen alle Fragen, die mit der Intensität der Linien und nicht nur mit ihrer Lage zu tun haben, einer zukünftigen Darstellung.

Anhang.

I. Die günstigen Richtungen der Primärstrahlen bei gegebenem λ.

Es ist gezeigt worden, daß für ein gegebenes Kristallgitter bei einer gegebenen Einfallsrichtung nur eine ganz bestimmte Wellenlänge in Betracht kommt. Umgekehrt muß die Richtung der Primärstrahlen entsprechend gewählt werden, damit ein Sekundärstrahl entsteht, wenn die Wellenlänge gegeben ist. Diese Aufgabe erweist sich als mehrdeutig, kann aber mit Hilfe des reziproken Gitters gelöst werden (Abb. 54).

Um das zu zeigen, wählen wir als Beispiel ein kubisches Gitter mit $a = 6$ Å und fragen nach den möglichen Richtungen der Primärstrahlen, die den Sekundärstrahl [3 2 0] zur Folge haben, wenn die Wellenlänge $\lambda = 3$ Å gegeben ist. Dabei fassen wir zuerst diejenigen Richtungen der möglichen Primärstrahlen ins Auge, welche in ein und derselben Ebene liegen, und wählen dazu die xy-Ebene. Durch die Angabe [3 2 0] ist der in der xy-Ebene liegende Gittervektor mit dem Endpunkt 3 2 mitbestimmt. Dieser Endpunkt muß auf der Oberfläche einer Ausbreitungskugel liegen, die durch

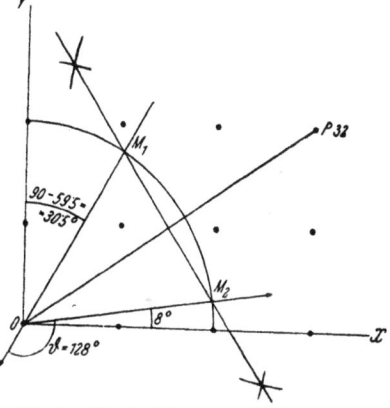

Abb. 54. Konstruktion des Ablenkungswinkels bei gegebener Wellenlänge. $a = 6$ Å; $\lambda = 3$ Å.

Der Kreisbogen mit dem Halbmesser $\frac{1}{\lambda} = \frac{1}{3}$ und die Mittelsenkrechte $M_1 M_2$ zu OP sind beides geometrische Orte, auf denen der Mittelpunkt M der Ausbreitungskugel liegen muß. Für einen Primärstrahl $M_1 O$ gibt $O M_2$ die Richtung des Sekundärstrahles an, und zu $M_2 O$ als Primärstrahl ist $O M_1$ die Richtung des zugeordneten Sekundärstrahles. $M_1 M_2$ gibt auch die Lage der „reflektierenden" Netzebene im Primärgitter an. Die Ausbreitungskugel geht durch O und P und ist für die Konstruktion nicht erforderlich.

den Ursprung O geht, weshalb sich der Mittelpunkt dieser Ausbreitungskugel auf der Mittelsenkrechten zu dem Vektor befinden muß. Die Mittelsenkrechte ist also der eine geometrische Ort für den Punkt M, der auf der Richtungsgeraden der nach O hinzielenden Primärstrahlen liegt. Der andere geometrische Ort für die Lage des Punktes M ist ein Kreisbogen um O als Zentrum mit dem Halbmesser $\frac{1}{\lambda}$, da durch die Angabe von λ auch der Abstand MO bereits festgelegt ist. Die erwähnte Mittelsenkrechte $M_1 M_2$ schneidet den Kreisbogen in zwei Punkten, M_1 und M_2, und zeigt damit, daß in der xy-Ebene zwei Lösungen möglich sind. Zu dem Primärstrahl $M_1 O$ gehört der Sekundärstrahl $O M_2$ und zu dem Primärstrahl $M_2 O$ gehört der Sekundärstrahl $O M_1$. Das Vertauschen der Richtungen erinnert an das allgemeine Gesetz der Optik von der Umkehrbarkeit der Richtungen von Lichtstrahlen. Wenn man das ebene Problem nicht geometrisch, sondern analytisch auffaßt, erkennt man dessen Zweideutigkeit daraus, daß eine der Bestimmungsgleichungen zweiter Ordnung ist:

Diese lauten, da laut Annahme $\gamma = 90°$ ist,

$$\lambda = 2\,a\,\frac{h\cos\alpha + k\cos\beta}{h^2 + k^2} \quad \text{und} \quad \cos^2\alpha + \cos^2\beta = 1.$$

Nach Einsetzen der für das Beispiel angenommenen Zahlen $h = 3$ und $k = 2$ und nach Elimination von $\cos\beta$ erhält man die quadratische Gleichung $208\cos^2\alpha - 312\cos\alpha + 105 = 0$. Die Wurzeln dieser Gleichung für $\cos\alpha$ sind 0,99 und 0,51 und es entsprechen ihnen die Winkel $\alpha = 8°$ und $\alpha = 59,5°$ (wie auf der Zeichnung, Abb. 54).

Lassen wir nun die Beschränkung fallen, nach der sich die Strahlen in einer bestimmten Ebene befinden sollen, so erhalten wir als allgemeine Lösung eine Kegelmantelfläche um den Vektor [3 2 0] als Achse. Dieser Vektor steht ja auf der für diese Strahlen in Betracht kommenden Netzebene senkrecht. Es ändert sich daher nichts an der Lage der Strahlen, wenn man die Zeichnung um OP als Achse rotieren läßt. Jede Ebene durch die Rotationsachse schneidet aus dem Kegelmantel zwei Richtungen heraus, die ein Austauschpaar von Primär- und Sekundärstrahl ergeben. Die Zahl dieser Paare ist unendlich — entsprechend der Tatsache, daß wir zwei Gleichungen für drei unbekannte

Die günstigen Richtungen der Primärstrahlen bei gegebenem λ. 107

Winkel haben. Der Öffnungswinkel des Kegelmantels ist gleich dem Supplementwinkel des Ablenkungswinkels, wie aus der Zeichnung unmittelbar ersichtlich ist, wenn man eine Erzeugende des Kegelmantels in der Schnittebene über O hinaus verlängert. Somit erhält man durch diese Konstruktion indirekt auch den Ablenkungswinkel; man kann sie auch noch verwenden, um die „letzten Linien", die bei einer bestimmten Wellenlänge und gegebenem Gitter noch möglich sind, zu suchen. Je kleiner der erhaltene Supplementwinkel ist, desto mehr nähert sich der Ablenkungswinkel 180°. Genügt der Winkel in seiner Kleinheit noch nicht den gestellten Anforderungen, so kann man leicht einen Kreisbogen ziehen, aus dem die konstruierte Mittelsenkrechte einen Bogen von gewünschter Kleinheit herausschneidet und aus dem Halbmesser dieses neuen Bogens die günstigste Wellenlänge berechnen, um schließlich aus den zur Verfügung stehenden Strahlungen der Anodenstoffe die beste auszusuchen.

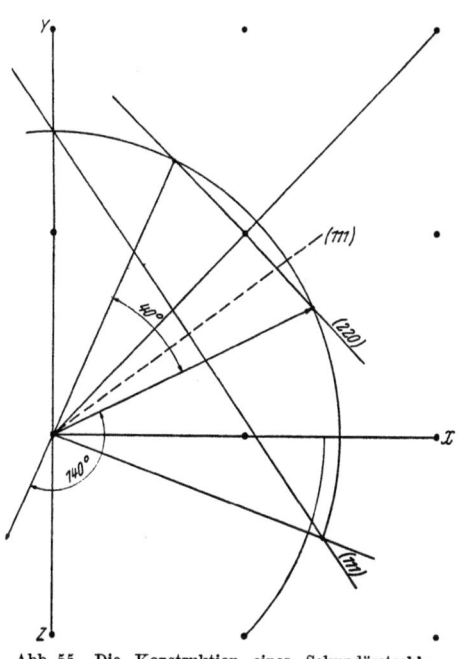

Abb. 55. Die Konstruktion eines Sekundärstrahles mit größtem Ablenkungswinkel und die Konstruktion eines Sekundärstrahles außerhalb der Aufrißebene. $a = 3$ Å, $\lambda = 2$ Å. Für [2 2 0] ist $\vartheta = 140°$. Dies ist der größte Ablenkungswinkel, da die Mittelsenkrechten zu höher indizierten Gittervektoren außerhalb des Kreisbogens liegen. Der Gittervektor [1 1 1] ist durch eine Drehung um y als Achse in die Aufrißebene hineingedreht (strichliert). Der Supplementwinkel $(180 - \vartheta)$ ist 110°, was mit $\sin\dfrac{\vartheta}{2} = \dfrac{2}{2 \cdot 3}\sqrt{3}$ übereinstimmt.

Dabei wird man sich naturgemäß nicht nur auf eine Ebene des reziproken Gitters beschränken, sondern muß das Gitter in Aufriß und Grundriß darstellen. Man kann dann die außerhalb der Aufrißebene liegenden Punkte in diese durch eine Drehung um die y-Richtung als Achse hineindrehen und den $\frac{1}{\lambda}$-Kreisbogen zur Ermittlung des Supplementwinkels des Ablenkungswinkels benutzen. So ist zum Beispiel die Abb. 55 entstanden, in der $a = 3$ Å; $\lambda = 2$ Å angenommen ist. Den größten Ablenkungswinkel liefert die Ebene (2 2 0), nämlich $180° - 40° = 140°$. Auch die unvermeidliche Beschränkung auf nur wenige Sekundärstrahlen, wenn die Größe der Wellenlänge λ sich der Größe der Gitterkonstanten nähert, ist aus dieser Art der Zeichnungen unmittelbar zu ersehen.

II. Zur Indizierung von Drehkristallaufnahmen. Ein Punkt im reziproken Gitter, der als Repräsentant einer Netzebene einen Sekundärstrahl liefert, kommt bei der Drehung des Kristalls zweimal zur Deckung mit der Oberfläche der Ausbreitungskugel. Entsprechend dieser zweimaligen Koinzidenz erhalten wir dann auch für jede Netzebene zwei Sekundärstrahlen mit gleichen Ablenkungswinkeln. Auf einem zylindrischen Film um die Drehachse z liegen die von diesen beiden Sekundärstrahlen herrührenden zwei Schwärzungsstriche symmetrisch in Bezug auf die Senkrechte zum Äquator des Films, welche durch den Durchstoßpunkt der Primärstrahlen geht. Wir betrachten zuerst nur die erste Schichtlinie; die ihr entsprechenden Gittervektoren führen als dritte Koordinate oder Indexzahl die Zahl $l = 1$. Die beiden anderen Koordinaten h und k mögen die Werte 1 und 2 haben. Dann erhält man, wenn für h und k auch die negativen Werte mit berücksichtigt werden, im ganzen acht Gitterpunkte (121, $\bar{1}$21, 1$\bar{2}$1, $\bar{1}\bar{2}$1, 211, $\bar{2}$11, 2$\bar{1}$1, $\bar{2}\bar{1}$1), zu denen bei einem kubischen Kristall ($a = b = c$) gleich große Gittervektoren führen, die außerdem auch noch mit der Drehungsachse z gleich große Winkel bilden. Daher liegen diese acht Gitterpunkte in der Ebene (0 0 1) auf einem Kreis, dessen Mittelpunkt auf der z-Achse ist (Abb. 56). Jeder der Gitterpunkte kommt, wie schon gesagt, zweimal zur Koinzidenz mit der Ausbreitungskugel und so treten denn im Laufe einer vollen Umdrehung des Kristalls zeitlich 16 Sekundärstrahlen nacheinander auf, von denen aber räumlich je acht zusammenfallen, da es ja immer dieselben zwei Schnittpunkte sind, welche die Lage der Netzebene fixieren, die zur Reflexion kommt. Die zwei Punkte liegen auf dem Film oberhalb des Äquators. Den acht Gitterpunkten mit $l = +1$ entsprechen acht Gitterpunkte mit $l = -1$, die wiederum auf einem Kreise liegen, der auf der Abb. 56 nur angedeutet ist. Mit ihnen erhält man in vollkommen analoger Weise zwei Schwärzungsstriche, die nunmehr auf der ersten Schichtlinie unterhalb des Äquators liegen. Man müßte daher eigentlich die erste Schichtlinie oberhalb des Äquators als erste positive oder $+1$-Schichtlinie und die unterhalb als erste negative oder -1-Schichtlinie bezeichnen. Diese Bezeichnungsweise ist aber nicht gebräuchlich, da diese Unterscheidung bei der Auswertung der Diagramme unwesentlich ist.

Die aus der Abb. 56 ersichtliche Vertauschbarkeit von h und k für die auf einem Kreis liegenden Gitterpunkte ist hier geometrisch mit Hilfe des reziproken Gitters erklärt worden. Die Vertauschbarkeit kann aus der Formel (S. 76) abgeleitet werden:

$$\sin^2 \frac{\vartheta}{2} = \frac{\lambda^2}{4 a^2} \cdot (h^2 + k^2 + l^2).$$

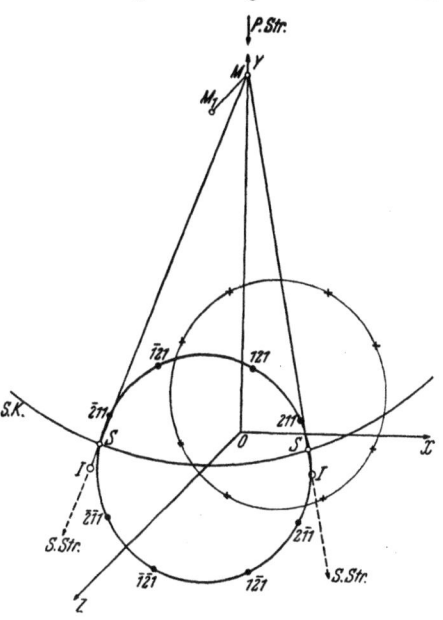

Abb. 56. Zur Indizierung der Schwärzungsstriche bei der Drehkristallmethode. M = Mittelpunkt der Ausbreitungskugel; M_1 = Mittelpunkt des Schnittkreises $S.K.$ (Schnitt der Ausbreitungskugel mit der 0 0 1-Ebene); I = Durchstoßpunkte der beiden Sekundärstrahlen durch die xz-Ebene. Wie die Zeichnung erkennen läßt, liegen 8 Gitterpunkte des reziproken Gitters auf einem Kreis in der 0 0 1-Ebene und kommen bei der Drehung in denselben 2 Punkten zur Koinzidenz mit dem Schnittkreis. Die Gitterpunkte mit negativem z sind auf dem zweiten Kreis angedeutet. Ihre 2 Sekundärstrahlen sind der Übersichtlichkeit halber nicht gezeichnet.

Die Quadratsumme, die einerseits die Länge der Gittervektoren und anderseits den Ablenkungswinkel bestimmt, hat für alle Variationen der $h\,k\,l$, die negativen Werte mit einbegriffen, immer denselben Betrag. Der dritte Index l bestimmt dabei, wenn z die Drehachse ist, die Schichtlinie, auf der die Schwärzungsstriche liegen und kann daher bei Drehaufnahmen nicht variiert werden. Bei Pulveraufnahmen, bei denen die Streustrahlen gleichen Ablenkungswinkels geschlossene, durch den Äquator gehende Schwärzungskurven bilden, ist die Indizierung dieser Kurven bzw. deren Schnittpunkte mit dem Äquator von der Reihenfolge aller drei Indexzahlen und deren Vorzeichen ganz unabhängig.

Nach diesen Vorbereitungen können wir die Gesamtheit der Schwärzungsstriche auf einem Drehdiagramm eines kubischen Kristalls, der um eine Würfelkante in der z-Achse rotiert, übersehen. Jedem Indextripel, das mit den negativen Werten 16 Zahlen bestimmt, entsprechen Streustrahlen mit gleichem Ablenkungswinkel. Die Zahl der möglichen Variationen ist jetzt 48^1. Man erhält also 48 Gitterpunkte und damit 96 Streustrahlen bei einer Umdrehung des Kristalls. Von diesen 96 Streustrahlen fallen immer je acht in die gleiche Richtung. Somit erhält man für ein jedes Indextripel $96 : 8 = 12$ Schwärzungsstriche, die sich zu je vier auf drei Schichtlinienpaaren anordnen.

Es würde hier zu weit führen, auch noch auf die Veränderungen einzugehen, die sich ergeben, wenn die Drehachse im Kristall eine andere Lage hat oder auch noch Gitter niederer Symmetrie zu betrachten. Es fallen dann lange nicht mehr so viele Sekundärstrahlen zusammen und dadurch erklärt sich die erheblich größere Zahl der Schwärzungsstriche auf den meisten Drehkristallaufnahmen.

III. Die Gesamtheit der Sekundärstrahlen einer Drehkristallaufnahme. Um die Gesamtheit der reziproken Gitterpunkte zu erfassen, die bei einer Drehung des Kristalls Sekundärstrahlen liefern, haben wir bisher die Gitterpunkte auf Kreisen bis zur Berührung mit der ruhenden Ausbreitungskugel bewegt. Man kann sich aber ebenso vorstellen, daß das Gitter in Ruhe ist und die Ausbreitungskugel sich um die Drehungsachse dreht. Der dabei entstehende Rotationskörper ist ein Torus mit dem Innenradius 0 und dem Außenradius $\frac{2}{\lambda}$, also dem Radius der Begrenzungskugel. Innerhalb dieses Torus liegen alle Gitter-

---

[1] Von den überhaupt möglichen $120 = \binom{6}{3}$ Variationen der sechs Glieder $h\ k\ l\ \bar{h}\ \bar{k}\ \bar{l}$ zu je drei fallen $72 = 3! \cdot 4 \cdot 3$ Variationen heraus, da alle Variationen, in denen gleichzeitig $+h$ und $-h$, $+k$ und $-k$ usw. vorkommen, in unserem Fall nicht möglich sind.

Nomogramm zu den Abbildungen der reziproken Gitter. 111

punkte, welche auf die Ausbreitungskugel gelangen können. Diejenigen Punkte, welche eine Schichtlinie liefern, müssen in der ihnen zugeordneten Ebene [z. B. (0 0 1) erste Schichtlinie, xy Äquator] und zugleich im Torus, also in der Schnittfläche beider liegen. Diese Schnittfläche ist für den Äquator ein Kreis mit dem Radius der Begrenzungskugel, während sie für die Schichtlinien eine immer schmäler werdende Ringfläche ist. Das bedeutet, daß nicht alle Punkte, die innerhalb der Begrenzungskugel liegen, Sekundärstrahlen liefern können, sondern daß deren Raum mit wachsender Schichtlinienzahl sowohl von außen, als auch von *innen* eingeschränkt wird (vgl. Abb. 46).

IV. Nomogramm zu den Abbildungen der reziproken Gitter. In einem reziproken Gitter stellen alle Strecken Kehrwerte der Maßzahlen der im Primärgitter vorkommenden Längen dar. Es erscheinen also im reziproken Gitter Längen als Kehrwerte von Längen. Die Maßzahlen der Längen im Primärgitter sind von der gewählten Längeneinheit abhängig, und damit sind es auch deren Kehrwerte. Je größer eine Strecke im Primärgitter ist, um so mehr schrumpft die ihr entsprechende Strecke im reziproken Gitter zusammen.

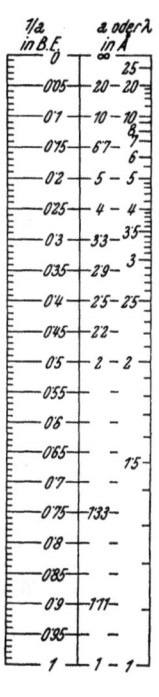

In diesem Buch sind alle Längen der Primärgitter in Angström-Einheiten angegeben, und der Betragseinheit der Kehrwerte entspricht auf allen Zeichnungen in III ein und dieselbe Strecke. Deshalb kann das Nomogramm für alle Zeichnungen verwendet werden. Der Betragseinheit (B E) entspricht die ganze Länge des Nomogramms; der Länge 2 Å z. B. entspricht links der Kehrwert 0,5; 10 Å = 0,1 usw. Mit Hilfe der rechten Seite des Nomogramms kann man die Längen im reziproken Gitter auftragen und auch ablesen, ohne die Kehrwerte der Maßzahlen zu kennen oder zu berechnen. Ein beweglicher Maßstab liegt bei.

V. Trigonometrische Zahlen.

	Sinus		Tangens		Cotangens		Cosinus		
↓ 0°	0,0000		0,0000		∞		1,0000		90
1	,0175	175	,0175	175	57,29		0,9998	02	89
2	,0349	174	,0349	174	28,64		,9994	04	88
3	,0523	174	,0524	175	19,08		,9986	08	87
4	,0698	175	,0699	175	14,30		,9976	10	86
5	,0872	174	,0875	176	11,43		,9962	14	85
6	,1045	173	,1051	176	9,514		,9945	17	84
7	,1219	174	,1228	177	8,144		,9925	20	83
8	,1392	173	,1405	177	7,115		,9903	22	82
9	,1564	172	,1584	179	6,314	801	,9877	26	81
10	,1736	172	,1763	179	5,671	643	,9848	29	80
11	,1908	172	,1944	181	5,145	526	,9816	32	79
12	,2079	171	,2126	182	4,705	440	,9781	35	78
13	,2250	171	,2309	183	4,331	374	,9744	37	77
14	,2419	169	,2493	184	4,011	320	,9703	41	76
15	,2588	169	,2679	186	3,732	279	,9659	41	75
16	,2756	168	,2867	188	3,487	245	,9613	46	74
17	,2924	168	,3057	190	3,271	216	,9563	50	73
18	,3090	166	,3249	192	3,078	193	,9511	52	72
19	,3256	166	,3443	194	2,904	174	,9455	56	71
20	,3420	164	,3640	197	2,747	157	,9397	58	70
21	,3584	164	,3839	199	2,605	142	,9336	61	69
22	,3746	162	,4040	201	2,475	130	,9272	64	68
23	,3907	161	,4245	205	2,356	119	,9205	67	67
24	,4067	160	,4452	207	2,246	110	,9135	70	66
25	,4226	159	,4663	211	2,145	101	,9063	72	65
26	,4384	158	,4877	214	2,050	95	,8988	75	64
27	,4540	156	,5095	218	1,963	87	,8910	78	63
28	,4695	155	,5317	222	1,881	82	,8829	81	62
29	,4848	153	,5543	226	1,804	77	,8746	83	61
30	,5000	152	,5774	231	1,732	72	,8660	86	60
31	,5150	150	,6009	235	1,664	68	,8572	88	59
32	,5299	149	,6249	240	1,600	64	,8480	92	58
33	,5446	147	,6494	245	1,540	60	,8387	93	57
34	,5592	146	,6745	251	1,483	57	,8290	97	56
35	,5736	144	,7002	257	1,428	55	,8192	98	55
36	,5878	142	,7265	263	1,376	52	,8090	102	54
37	,6018	140	,7536	271	1,327	49	,7986	104	53
38	,6157	139	,7813	277	1,280	47	,7880	106	52
39	,6293	136	,8098	285	1,235	45	,7771	109	51
40	,6428	135	,8391	293	1,192	43	,7660	111	50
41	,6561	133	,8693	302	1,150	42	,7547	113	49
42	,6691	130	,9004	311	1,111	39	,7431	116	48
43	,6820	129	,9325	321	1,072	39	,7314	117	47
44	,6947	127	,9657	332	1,036	36	,7193	121	46
45	,7071	124	1,0000	343	1,000	36	,7071	122	45° ↑
	Cosinus		Cotangens		Tangens		Sinus		

Literaturverzeichnis.

BIJVOET, J. M., N. H. KOLKMEIJER und C. H. MACGILLAVRY: Röntgenanalyse von Krystallen. Berlin: Julius Springer. 1940.

BOAS, W.: Physics of Metals and Alloys. New York: Wiley & Sons. 1947.

EWALD, P. P.: Kristalle und Röntgenstrahlen. Berlin: Julius Springer. 1923.

GLOCKER, R.: Materialprüfung mit Röntgenstrahlen. 2. Aufl. Berlin: Julius Springer. 1936.

HALLA, F., und H. MARK: Röntgenographische Untersuchungen von Kristallen. Leipzig: J. A. Barth. 1937.

KOSSEL, W.: Röntgenphysik aus „Das freie Elektron in Physik und Technik". Herausgegeben von C. RAMSAUER. Berlin: Julius Springer. 1940.

LAUE, M. v.: Röntgenstrahlinterferenzen. Leipzig: Becker & Erler. 1941.

REGLER, F.: Grundzüge der Röntgenphysik. Wien: Urban & Schwarzenberg. 1937.

SCHLEEDE, A., und E. SCHNEIDER: Röntgenspektroskopie und Kristallstrukturanalyse. Berlin: W. de Gruyter. 1929.

STRAUMANIS, M., und A. IEVINŠ: Die Präzisionsbestimmung von Gitterkonstanten nach der asymmetrischen Methode. Berlin: Julius Springer. 1940.

WILSON, A. J. C.: X-Ray Optics. London: Methuen & Co. Ltd. 1949.

ZACHARIASEN, W. H.: Theory of X-Ray Diffraction in Crystals. New York: Wiley & Sons. London: Chapman & Hall. 1946.

Handbuch der Physik: Herausgegeben von H. GEIGER und K. SCHEEL. XXIII. Bd., 2. Teil: Röntgenstrahlung ausschließlich Röntgenoptik. 2. Aufl. Berlin: Julius Springer. 1933.

Handbuch der Experimentalphysik. VII. Bd., 2. Teil mit OTT, H.: Strukturbestimmung mit Röntgenstrahlung, und HERZFELD, K. F.: Gittertheorie der festen Körper. Leipzig: Akademische Verlagsges. 1928.

SPRINGER-VERLAG IN WIEN I

Verfärbung und Lumineszenz. Beiträge zur Mineralphysik. Von Dr. **Karl Przibram,** emer. o. Professor für Physik an der Universität Wien. Mit 69 Textabbildungen. XIII, 275 Seiten. 1953.
Ganzleinen S 210.—, DM 34.70, $ 8.25, sfr. 35.50

Geometrische Kristallographie und Kristalloptik und deren Arbeitsmethoden. Eine Einführung von Professor Dr. **Franz Raaz,** Wien, und Professor Dr. **Hermann Tertsch,** Wien. Zweite, verbesserte Auflage. Mit 260 Textabbildungen. X, 215 Seiten. 1951.
Steif geheftet S 78.—, DM 19.—, $ 4.50, sfr. 19.50

Bau und Bildung der Kristalle. Die Architektonik der stofflichen Welt. Von Professor Dr. **Franz Raaz,** Mineralog.-petrogr. Institut der Universität Wien, und Professor Dr. **Alexander Köhler,** Institut für angewandte Mineralogie der Technischen Hochschule Wien. Mit 166 Textabbildungen. V, 185 Seiten. 1953.
Ganzleinen S 96.—, DM 18.—, $ 4.30, sfr. 18.50

Das Bestimmen der Minerale. Von Professor Dr. **Alexander Köhler,** Universität Wien. Mit 23 Textabbildungen. V, 150 Seiten. 1949.
Steif geheftet S 88.—, DM 16.80, $ 4.—, sfr. 17.40

Grundlagen der allgemeinen Mineralogie und Kristallchemie. Von Dr. **Felix Machatschki,** o. Professor an der Universität Wien. Mit 151 Textabbildungen. VII, 209 Seiten. 1946.
Steif geheftet S 48.—, DM 8.—, $ 1.90, sfr. 8.20

Spezielle Mineralogie auf geochemischer Grundlage. Mit einem Anhang: Ein kristallchemisches Mineralsystem. Von Dr. phil. **Felix Machatschki,** o. Professor an der Universität Wien. Mit 229 Textabbildungen. VII, 378 Seiten. 1953.
Ganzleinen S 215.—, DM 36.—, $ 8.60, sfr. 37.—

Einführung in die Gesteinskunde. Von Dr. **Hans Leitmeier,** o. Professor an der Universität Wien. Mit 100 Textabbildungen. VIII, 275 Seiten. 1950. Steif geheftet S 66.—, DM 18.50, $ 4.40, sfr. 19.—

Zu beziehen durch jede Buchhandlung

SPRINGER-VERLAG IN WIEN I

Grundlagen der Atomphysik. Eine Einführung in das Studium der Wellenmechanik und Quantenstatistik. Von Dr. phil. **Hans Adolf Bauer,** Professor an der Technischen Hochschule und der Universität in Wien. Vierte, umgearbeitete und bedeutend erweiterte Auflage. Mit 244 Textabbildungen. XX, 631 Seiten. 1951.
Ganzleinen S 270.—, DM 45.—, $ 10.70, sfr. 46.—

„Welches Kapitel man immer aufschlägt, immer gelingt es dem Verfasser in seiner außerordentlichen pädagogischen Geschicklichkeit, systematisch den Leser auch durch die schwierigsten mathematisch-theoretischen Auseinandersetzungen zu geleiten..."
Natur und Technik

Ausgewählte Kapitel aus der Physik. Nach Vorlesungen an der Technischen Hochschule in Graz. Von **K. W. Fritz Kohlrausch.** In fünf Teilen.

V. Teil: **Aufbau der Materie.** Mit 120 Textabbildungen. X, 306 Seiten. 1949. Steif geheftet S 66.—, DM 13.50, $ 3.30, sfr. 14.—

„... Wie der Autor selbst schreibt, soll dieser fünfte Band, der dem Aufbau der Materie gewidmet ist, einen ersten Überblick über die Tatsachen und einen ersten Einblick in deren Zusammenhänge vermitteln, da das ebenso unfangreiche als auch vielgestaltige Wissensgebiet in bezug auf Auswahl und Darstellung des Stoffes großen Widerstand bietet."
Acta Physica Austriaca

Die statistische Theorie des Atoms und ihre Anwendungen. Von Prof. Dr. **Paul Gombás,** Direktor des physikalischen Instituts der Universität für technische Wissenschaften in Budapest. Mit 59 Textabbildungen. VIII, 406 Seiten. 1949.
S 350.—, DM 58.50, $ 13.90, sfr. 59.80
Ganzleinen S 360.—, DM 60.—, $ 14.30, sfr. 61.50

„... Bei dieser Sachlage muß man dem Verfasser, der sich bereits durch zahlreiche Arbeiten als einer der besten Kenner dieses Gebietes erwiesen hat, dankbar sein, daß er es in dem vorliegenden Werk unternommen hat, den ganzen Fragenkomplex im Zusammenhang und von einem einheitlichen Gesichtspunkt aus darzustellen, die verschiedenen Methoden gegeneinander abzuwägen und ihre mehr oder minder große Brauchbarkeit durch entsprechende Zahlenbeispiele darzulegen."
Die Naturwissenschaften

Grundlagen der Elektronenoptik. Von Dr. **Walter Glaser,** o. Professor an der Technischen Hochschule Wien. Mit 445 Textabbildungen. X, 699 Seiten. 1952.
Ganzleinen S 600.—, DM 120.—, $ 28.60, sfr. 124.—

„Der Verfasser, der durch seine erfolgreichen Arbeiten zur Theorie der Elektronenoptik bekannt ist, legt ein Werk vor, an dem er mehr als 15 Jahre gearbeitet hat und zu dessen Ausbau ihm jahrelang Vorlesungen über Elektronenoptik Anreiz und Gelegenheit gaben... Diese ‚Grundlagen' werden für den, der sich in die Theorie und Methodik gründlich einarbeiten will, eine sehr eingehende und solide Schulung sein..."
ETZ, Elektrotechnische Zeitschrift

Zu beziehen durch jede Buchhandlung

MIX
Papier aus verantwortungsvollen Quellen
Paper from responsible sources
FSC® C105338

If you have any concerns about our products,
you can contact us on
ProductSafety@springernature.com

In case Publisher is established outside the EU,
the EU authorized representative is:
**Springer Nature Customer Service Center GmbH
Europaplatz 3, 69115 Heidelberg, Germany**

Printed by Libri Plureos GmbH
in Hamburg, Germany